KIRSTEN WOLF | ANJA MACK

HUNDE ERZIEHUNG IN DER STADT

INHALT

DIE GU-QUALITÄTS-GARANTIE

Wir möchten Ihnen mit den Informationen und Anregungen in diesem Buch das Leben erleichtern und Sie inspirieren, Neues auszuprobieren. Bei jedem unserer Produkte achten wir auf Aktualität und stellen höchste Ansprüche an Inhalt, Optik und Ausstattung. Alle Informationen werden von unseren Autoren und unserer Fachredaktion sorgfältig ausgewählt und mehrfach geprüft. Deshalb bieten wir Ihnen eine 100%ige Qualitätsgarantie.

Darauf können Sie sich verlassen:
Wir legen Wert auf artgerechte Tierhaltung und stellen das Wohl des Tieres an erste Stelle. Wir garantieren, dass:
- alle Anleitungen und Tipps von Experten in der Praxis geprüft und
- durch klar verständliche Texte und Illustrationen einfach umsetzbar sind.

Wir möchten für Sie immer besser werden:
Sollten wir mit diesem Buch Ihre Erwartungen nicht erfüllen, lassen Sie es uns bitte wissen! Wir tauschen Ihr Buch jederzeit gegen ein gleichwertiges zum gleichen oder ähnlichen Thema um. Nehmen Sie einfach Kontakt zu unserem Leserservice auf. Die Kontaktdaten unseres Leserservice finden Sie am Ende dieses Buches.

GRÄFE UND UNZER VERLAG
Der erste Ratgeberverlag – seit 1722.

MIT DEM HUND
IN DER STADT ZU HAUSE

Wo du bist, will auch ich sein: Diese Maxime bestimmt das Leben Ihres Hundes. City-Dog aus Liebe, das verdient echte Fürsorge. Es soll ihm gut gehen an Ihrer Seite! Zu Fuß unterwegs beim Shopping, als Mitfahrer in Bus und Bahn, daheim im Apartment oder Stadthaus, als Begleiter ins angesagte Café: Ein souveräner Hund macht (fast) alles mit. Wie das gelingt? Dank Infos, Tipps und City-Training!

URBANES LEBEN
IST AUFREGEND

Eile, Lärm, Gedränge, das ist Stadtalltag. So viele Eindrücke, die für sensible Hundesinne ganz schön stressig sein können. Gut zu wissen, wie unser Vierbeiner diese Umwelt erlebt und wahrnimmt – und warum Gelassenheit so wichtig für ihn ist.

Stadtleben ist voll im Trend. Zur Lebensart vieler Städter gehört immer öfter auch ein Hund. In rund 16 Prozent aller Haushalte in Deutschland sind mindestens einer, immer häufiger auch zwei (oder mehr) der vierbeinigen Gefährten anzutreffen; laut Industrieverband Heimtierbedarf (IVH) e. V. sind es fast acht Millionen Hunde insgesamt. Haus und Hof bewachen, das war einmal. Heute ist für viele Vierbeiner »urban lifestyle« angesagt. Mit Grünstreifen und Asphalt, mit Leine und Balkonblick. Ist das schlimm?

LEKTIONEN FÜRS STADTLEBEN

»Ein Hund gehört nicht in die Stadt«, hieß es früher oft, »der braucht doch einen Garten.« Das war noch zu Zeiten, da ein Hund eher Nebensache war – geliebt, aber oft reduziert auf sein Bedürfnis nach »draußen sein«. Heute weiß man, dass der Hund vor allem seinen Menschen braucht und Beschäftigung, nicht nur Auslauf (→ Seite 15) – und Training für alle Lebenslagen. Das Anpassen ist zwar das ganz große Talent unserer Haushunde. Aber ohne unser Verständnis und unsere Anleitung wird daraus kein entspanntes und glückliches Miteinander.

Für den City-Dog heißt das: Strategien kennenlernen und erproben, um in jeder Stadtsituation ein souveränes Verhaltensrepertoire abrufen zu können.

Ein Hund sieht, hört, riecht und fühlt anders als wir. Wer sich das klarmacht, kann besser einschätzen, was ein City-Tag für unseren Vierbeiner bedeutet, und sich dementsprechend darauf einstellen.

Mal ehrlich: Spüren Sie nicht auch eine gewisse Anspannung, wenn Sie den ganzen Tag in der Stadt unterwegs waren? Viel gesehen, viel gehört, viel erlebt – uff! Für den Hund ist ein Stadtgang je nach Trainingsstatus voller Stressfaktoren:

- ☐ Straßenverkehr
- ☐ Menschenmengen
- ☐ Hektik
- ☐ Hindernisse
- ☐ Geräusche
- ☐ Stadtklima
- ☐ Weggeworfenes
- ☐ Begegnungen
- ☐ Untergründe
- ☐ Bus-/Bahnfahrten

Und so nimmt der Hund seine Umwelt wahr: Er hat gut 200 Millionen Riechzellen, der Mensch hingegen nur etwa 10 Millionen. Die beim Hund eher seitlich am Kopf gelegenen Augen verschaffen ihm einen Panoramablick von rund 250 Grad. Deutlich besser als Unbewegtes nimmt er Bewegung wahr, mit viel mehr Einzelbildern als der Mensch. Und er hört fantastisch, selbst hochfrequente Töne im Ultraschallbereich registrieren seine scharfen, gegeneinander beweglichen Ohren. Jede Menge Sinneseindrücke also, nonstop – und aus einer ganz anderen Perspektive.

Und für uns heißt es: dem Vierbeiner ein Vorbild sein und Zeit nehmen für einen Stadtbummel mit Trainingsspaß für Hund und Halter (→ ab Seite 28).

VIER PFOTEN AUF ASPHALT

Wann ist ein Hund überhaupt ein »Stadthund«? Das ist durchaus Betrachtungssache, aber auch abhängig von der jeweiligen Lebensphase von Herrchen und Frauchen. Schließlich entscheidet der Vierbeiner in der Regel nicht selbst, wo er leben möchte.

In Deutschland leben mehr als 70 Prozent der Einwohner in einem städtischen Umfeld. Asphalt & Co.

Entspanntes Warten, während sich der Besitzer mit jemandem unterhält: Mit etwas Übung gelingt das gut.

sind also für viele Hunde mehr oder weniger Alltag. Es gibt welche, die mitten hineingeboren wurden in die Stadt, in den kleinen Garten oder Hinterhof am Haus. Sie erleben die typischen Stadtgeräusche als eine Art Hintergrundrauschen ihrer Welpenzeit und haben es später vielleicht etwas einfacher, sich ins Stadtleben zu integrieren. Doch letztendlich ent-

scheidet auch hier die Sozialisation, wie gut das gelingt. Neben der Rasse bzw. der Mischung ist ausschlaggebend, ob die Kleinen eine städtische Umgebung langsam, aber sicher erobern durften und sich dabei an souveränen Vorbildern (Mutterhündin, Züchter) orientieren konnten. Sollten Sie sich die Anschaffung eines »Stadt-Welpen« überlegen, klären Sie vorab in einem ausführlichen Gespräch mit den Züchtern bzw. den Besitzern der Mutterhündin, wie diese Vorbereitung verlaufen ist.

Dann gibt es das genaue Gegenteil: auf dem Land geboren und mit zwei, drei Monaten in die Stadt verpflanzt, weil die neuen »Eltern« dort leben. Auch ein späterer Umzug ist nicht selten, zum Beispiel, wenn Herrchen oder Frauchen für den Job vom Land in die City wechseln. Gründe gibt es sicher viele. Jedenfalls kann so ein Tapetenwechsel für ein »Landei« durchaus zum Kulturschock geraten (→ Seite 10).

CITY IST IMMER WIEDER ANDERS

Am häufigsten sind wahrscheinlich die Gelegenheitsstädter. Sie leben mit ihren Besitzern in einer urbanen Umgebung, kennen »ihre« Straßen und Parks, die Nachbarshunde, die Geräusche im Viertel, die Gerüche. Vielleicht fahren sie morgens mit Herrchen oder Frauchen ins Büro, wechseln von der Autorückbank unter den Schreibtisch und düsen nach getaner Arbeit wieder mit nach Hause.

Andere leben ein beschauliches Vorstadt- oder Stadtrand-Dasein und werden nur bei Gelegenheit, also »wenn's gar nicht anders geht«, in die Innenstadt mitgenommen; andernfalls drohen längere Wartezeiten allein zu Haus. Für sie ist ein solcher Stadtgang dann ein Ausflug in eine ganz andere Welt, was nicht selten zu Stress bei Hund und Halter führt.

Dabei könnte es so schön sein, gemeinsam mit dem Hund durch die Stadt zu bummeln! Außerdem ist es einfach praktisch, ohne Umweg nach Hause schnell mal eben noch was einzukaufen in der City. Ohne Zeitdruck, weil der Hund ja dabei ist und nicht daheim sehnsüchtig (oder gar unruhig) auf Frauchens oder Herrchens Rückkehr wartet (→ Seite 16).

Natürlich gibt es auch noch die Hunde, die es irgendwann einmal mit Herrchen oder Frauchen mitten ins pulsierende Herz einer Stadt verschlagen hat und die sich mit den meisten urbanen Herausforderungen »irgendwie« arrangiert haben. Doch in bestimmten Situationen fehlt vielleicht auch ihnen die passende Bewältigungsstrategie. Oder aber sie dürfen sich (Fahr-)Lässigkeiten und Marotten erlauben, die im falschen Moment richtig gefährlich werden können – unangeleint vom Gehweg auf die Straße wechseln zum Beispiel. Sei es, weil sie vor etwas Furchterregendem ausweichen wollen oder weil sie auf der anderen Straßenseite etwas besonders Interessantes entdeckt haben (→ Seite 25).

Niemand möchte erleben müssen, was dann passieren kann. Viel zu viele Hunde kommen jährlich bei einem Verkehrsunfall zu Tode, die Verletzungen im Straßenverkehr bleiben ungezählt. In den meisten Fällen hätten entsprechende Vorsichtsmaßnahmen

Ruhiges Miteinander und eine klare Orientierung am Halter: Da macht der Besuch im Möbelgeschäft gar keine Probleme.

und ein sinnvolles Stadttraining solche traurigen Vorfälle verhindern können. Auch dafür ist dieses Buch geschrieben: »Safety first« für alle!

HILFE, ICH WEISS NICHT WEITER ...

Furcht oder Angst auslösende Situationen ergeben sich in der Stadt für einen Hund genügend. Da steht auf dem Gehweg eine verhüllte Vespa, der Wind treibt die Plane auf. In der Einkaufsstraße steht ein klotziges Kunstobjekt (→ Seite 58). Die vielen Fußgänger

STRESS ERKENNEN: SIGNALE

Ob ein Hund situativ Furcht vor etwas hat, erkennt man in der Regel recht gut. Er verweigert das Weitergehen oder passiert ein Hindernis nur zögerlich (oder mit einem plötzlichen Sprung). Vielleicht macht er sich klein (Kopf leicht gesenkt, Rücken rund), legt die Ohren an, trägt die Rute auf Halbmast oder klemmt sie ganz ein. Er beginnt zu hecheln (obwohl kein heißer Tag). Damit zeigt er: Die Situation ist mir unheimlich, ich weiß nicht, wie ich reagieren soll. Bei Panik zittert der Hund sogar, geht in die Knie, reagiert mit Fluchtverhalten. Dann ist, je nach augenblicklicher Lage, womöglich ein Rausgehen aus der Situation oder aus der Übung angesagt (→ Seite 11).

Andere Signale drücken eher allgemein Unsicherheit oder Angst aus. Der Hund wirkt fahrig und nervös, trippelt, blickt hektisch mal hier-, mal dorthin, ist deutlich angespannt. Er gähnt auffällig oft, streckt und kratzt sich häufig. Das sind Übersprungshandlungen, typisch für Konfliktsituationen. Und wenn Sie entdecken, dass Ihr Hund auf dem Gehweg kleine Schweißspuren hinterlässt – obwohl das Wetter nicht danach ist –, kann auch das eine psychosomatische Reaktion auf mangelnde Stressbewältigung sein; Hunde haben ihre wenigen Schweißdrüsen an den Pfotenballen.

Übrigens, nicht nur Welpen oder seltene Stadtbesucher zeigen solche Signale. Auch erfahrene City-Dogs haben mit der einen oder anderen Situation ihre Not, behelfen sich aber irgendwie, auf eigene Art. Weil Herrchen oder Frauchen es gar nicht so richtig mitkriegen oder meinen, »das schaffst du schon ...«. Vorsicht, so kann aus dem vermeintlichen Stadthelden doch noch ein Stadtneurotiker werden, weil die Furcht langsam, aber sicher wächst!

rücken dem Pfotengänger bedrohlich nahe, einem entgegenkommenden Hund kann er nicht ausweichen. Die Baustelle macht einen Mega-Lärm, Blaulicht heult los, ein Motorrad donnert mit einer Fehlzündung vorbei, beim Einsteigen in den Bus wird an der Leine gezerrt, überhaupt wirkt Herrchen bzw. Frauchen so angespannt! Und ständig ist man irgendwie im Weg ... Ich will hier weg! Auch Verlockungen können unseren Vierbeiner durcheinanderbringen. Da ist der weggeworfene Hamburger-Rest am Straßenrand (→ Seite 60). Hundeliebende Menschen bleiben stehen und sagen etwas Nettes oder wollen sogar streicheln – nichts wie hin (→ Seite 77). Und die vielen anderen City-Dogs? Manche zerren kontaktfreudig Richtung Kollege, andere bellen mal eben eine Unfreundlichkeit rüber (→ Seite 85).

Wenn unser vierbeiniger Begleiter überfordert ist von den vielen verschiedenen Situationen und Sinneseindrücken, dann äußert er das durchaus unterschiedlich. Manche Signale sind auffällig, andere nehmen wir womöglich gar nicht richtig wahr als Zeichen für Stress (→ Info links). Daneben gibt es Verhaltensweisen, die eher mit suboptimaler Erziehung insgesamt zu tun haben und zumindest stören, manchmal aber auch richtig nerven (oder gefährlich werden). Wenn der Hund nie gelernt hat, locker an der Leine zu gehen, dauernd zieht oder von einer Seite zur anderen kreuzt (→ Seite 28). Wenn er ständig ruckartig stehen bleibt an irgendeinem Schnüffelobjekt (→ Seite 28). Wenn er Fußgänger grundsätzlich für beste Freunde hält und sich als Straßenschmuser gibt (→ Seite 74). Wenn die Stadt ihm gehört und andere Hunde gefälligst zu Hause bleiben sollen, was er wütend bellend vermittelt. Oder wenn er sie im Gegensatz dazu überschwänglich herzlich begrüßt.

Selbst wenn Herrchen oder Frauchen sich an »die paar Marotten« gewöhnt haben, dann sind da immer

Uups, was ist das denn?! Ein ruhiger Wechsel auf die abgewandte Seite bringt dem Hund die nötige Sicherheit.

noch Passanten, unterwegs, im Café, in Bus und Bahn, am Bahnhof, im Kaufhaus. Souveräne Städter kümmern sich nicht nur um das Wohlergehen ihres Hundes. Sie achten auch darauf, dass ihre Mitmenschen mit dem City-Dog gut klarkommen (→ Seite 70).

GELASSEN, ABER GANZ GENAU

Ob und wie viel Stress ein Hund in bestimmten Situationen empfindet, hängt von einer Reihe unterschiedlicher Faktoren ab. Neben Alter, Naturell, Gesundheit, Vorerfahrungen und Trainingsstatus kann wie bei uns auch die Tagesform darüber entscheiden, ob die vielen Menschen oder das Motorengebrüll an den Nerven zerren. Somit kommt es darauf an, den eigenen Hund und die jeweilige Situation sehr genau zu beobachten und richtig einzuschätzen. Der Hund braucht uns, um zu lernen, dass die Stadt nicht Gefahr bedeutet (→ Seite 38). Er orientiert sich dabei vor allem an unserer Gelassenheit, sie gibt ihm Sicherheit. Die Sicherheit, um das Training mit der nötigen Ruhe und Konzentration absolvieren zu können – und die City Schritt für Schritt und mit allen Sinnen zu erobern.

AUF DIE SANFTE TOUR:
CITY-NEULINGE BRAUCHEN ZEIT

Ob Azubi oder Stadthund mit Marotten: Langsam lernen bringt am meisten. Kurztrips in die City nur fürs Training, so starten Sie ohne zu viel Stress.

Das erste Mal in der Stadt - wie anstrengend! Leichte Übungen und Pausen sind für den Anfang ein gutes Programm.

Auch das ist Stadt: Sonntagvormittag, ruhige Straßen, vielleicht hat irgendwo ein Deli geöffnet, sonst aber nicht viel. Ideal für einen kleinen Trainingsausflug. Denn der Hund an Ihrer Seite ist noch kein cooler City-Dog. Er kommt vielleicht vom Land oder aus der Vorstadt. Er kennt nur »seine« kleine Stadt, aber nicht die größere, wo Herrchen oder Frauchen auch gern mal einkaufen. Vielleicht ist er als Welpe oder Junghund gerade erst dabei, seine Umwelt jeden Tag ein bisschen besser kennenzulernen.

HOME-TRAINING VOR CITY-TRAINING

Jeder Hund, ob Welpe, Junghund oder erwachsen, braucht Bewältigungsstrategien, um mit Neuem fertig zu werden. Einfach reinfahren in die Stadt und »mal schauen, wie er das so macht«, ist deshalb keine gute Idee. Trainieren Sie in kleinen Einheiten, vorausschauend - und immer mit der Bereitschaft, lieber erneut einen Schritt zurückzugehen. Das bedeutet: Sobald Ihr Hund wieder gestresst wirkt, schrauben Sie die Anforderungen an ihn (Dauer, Schwierigkeitsgrad der Situation) etwas zurück. Und: Selbst wenn vieles schon gut klappt, aber diese oder jene »Kleinigkeit« noch nicht (oder plötzlich nicht mehr), sollten Sie nicht darüber hinwegsehen. Denn ein Hund lernt in der Regel nicht auf die Weise, wie wir das vielleicht naheliegend finden. Nur weil er schon etliche Male mit Ihnen auf die Furcht einflößende U-Bahn gewartet hat und er die Situation notgedrungen durchstehen musste, wird seine Furcht nicht geringer.

Das allerbeste City-Training beginnt zu Hause. U-Bahn & Co. lassen sich dort zwar nicht simulieren. Doch was immer Sie später von Ihrem Hund in der Stadt erwarten, sollte er zunächst in stressfreier Umgebung sicher gelernt haben. Ob »Sitz«, »Platz« oder »Bleib«, ob »Bei mir« oder »lockere Leine«: Was gut gefestigt zu seinem Repertoire gehört, können Sie Schritt für Schritt in das Stadtleben integrieren. Glauben Sie Ihrem Hund: Es ist absolut nicht das Gleiche, bei einer gemütlichen Gassirunde im vertrauten Viertel ein »Sitz« zu absolvieren – oder auf einer Verkehrsinsel mitten im Großstadtdschungel.

Optimale Voraussetzungen haben Sie, wenn Ihr Hund jung ist und während der ersten Lebenswochen bereits ein abwechslungsreiches Umfeld erlebt hat. Deshalb ist es so wichtig, bei der Wahl eines Welpen auf eine gute Sozialisation zu achten. Dann kommt Ihr Part: Wenn Sie Ihren jungen Hund mit vielem vertraut machen, was einmal sein Leben ausmachen wird, erhöht das seine grundsätzliche Anpassungsfähigkeit. Eine gute Welpenschule oder ein Junghundtraining ist eine große Hilfe dabei. Doch auch ein erwachsener Hund ist durchaus gut trainierbar, er braucht vielleicht nur mehr Zeit und Wiederholung.

JEDER KANN STADTFIT WERDEN

Der Einstieg in das City-Training sollte für alle Hunde gleichermaßen sanft sein. Fahren Sie z. B. an einem ruhigen Sonntag in die Stadt, nur für das Üben. Nach 15 bis 20 Minuten haben Sie sich beide eine Pause verdient. Setzen Sie sich irgendwo gemeinsam hin, spielen Sie eine kleine Runde mit dem Hund (angeleint und nur, wenn er darauf eingeht), ansonsten genießen Sie einfach das Zusammensein. **Wichtig:** Verlangen Sie anfangs nur wenig von Ihrem Vierbeiner. Zunächst genügt es ihm, mit Ihnen an lockerer Leine (→ Seite 33) die Gegend zu erkunden (für einen Welpen ist das schon genug Programm). Der junge oder erwachsene Hund sollte je nach Können schon mal einige Schritte »Bei mir« gehen und ein »Stopp« am Kantstein zeigen, immer an lockerer Leine, versteht sich. Diese Kurztrips veranstalten Sie so lange, bis Sie einen deutlichen Fortschritt erkennen. Dann langsam steigern. Alles, auch ein Blickkontakt, hat die ersten Male ein freundliches Feedback (»Prima!«) und ein Leckerli verdient – auch wenn »Sitz« und »Stopp« an sich schon gut klappen. In der Stadt ist das etwas Besonderes! Erst später bauen Sie das Belohnen nach und nach ab, aber nie völlig: Die Stadt bleibt für Ihren Hund voller Überraschungen.

AUF EMPFANG

Für einen Hund entsteht Stress, sobald seine Anpassungsfähigkeit nicht ausreicht, um eine Situation gut zu bewältigen. Das kann z. B. der Fall sein, wenn er plötzlich Bus oder Bahn fahren muss. Oder wenn er im Gedränge der Einkaufsstraße ständig »Bei mir« gehen soll, obwohl er das nie richtig trainiert hat. Dann kann die Folge sein, dass sein Empfinden von Stresshormonen geradezu überschwemmt wird – für ein Training ist er dann nicht mehr empfänglich. Deshalb ist ein ruhiger Einstieg so wichtig: Damit Ihr Hund nicht »dicht« macht ...

RUNDUM GLÜCKLICH IN DER STADTWOHNUNG

Ausgehen ist für die meisten Hunde die schönste Sache der Welt (außer, der Magen knurrt). Und vom Apartment aus ist es ein regelmäßiges Muss.

Für viele Menschen ist es eine schöne Vorstellung, einfach die Terrassentür aufzumachen und den Hund hinaus in den Garten zu lassen. Doch aus der Sicht

Eine Wohnung hat durchaus Vorteile, z. B. regelmäßig Gassi gehen statt nur mal schnell in den Garten.

unserer Vierbeiner ist das gar nicht immer so optimal. Vor allem dann nicht, wenn der Garten zu oft als Ersatz für Spaziergänge herhalten muss. Außerdem kann so ein eigenes Stück Grün durchaus Stress bedeuten, zum Beispiel, wenn ein ausgeprägtes Revierverhalten des Hundes ungebremst bleibt – und jeder Passant, Paketbote oder Briefträger zu heftigen Bell-

attacken führt. Zumindest unangenehm ist das für alle Beteiligten, manchmal auch Anlass für Nachbarschaftsärger. Ein Garten für den Hund erfordert eben auch ein klares und konsequentes Reglement.

DER HUND IM MIETVERTRAG

Das Leben in einer Etagenwohnung ist für den Hund also nicht grundsätzlich die schlechtere Alternative zum Haus mit Garten. Ein paar Bedingungen sollten allerdings erfüllt sein, damit der vierbeinige Mitbewohner sich rundum wohlfühlt und weder Stress empfindet noch Stress bereitet.

Das beginnt mit der grundsätzlichen Frage, ob der Hund in einer Mietwohnung überhaupt erlaubt ist (oder in einem gemieteten Haus). Der Trend zum Stadtleben – und dort zur Lebensgemeinschaft mit Hund – ist in der Rechtsprechung angekommen. Seit März 2013 ist ein generelles »Nein« im Mietvertrag zur Hundehaltung nicht mehr erlaubt (Bundesgerichtshof, Az.: VIII ZR 168/12); das gilt für formularmäßige Standardmietverträge. Dieser Hinweis ist wichtig: Individuell vereinbarte Klauseln, wie die, dass der Mieter vor Anschaffung eines Hundes die Erlaubnis des Vermieters einholen muss, haben durchaus Gültigkeit. Die ganz große Freiheit bedeutet die aktuelle Grundsatzentscheidung also nicht, doch immerhin eine hohe Wahrscheinlichkeit, dass Ihr Hund zum Beispiel mit ins neue Apartment umziehen darf. Denn für ein »Nein« muss der Vermieter nachvollziehbare Gründe ins Feld führen, zum Beispiel, dass durch den Hund im Haus Interessen und Belange der anderen Mieter eingeschränkt würden. Oder dass die Beschaffenheit der Wohnung nicht geeignet erscheint für eine Hundehaltung. Auch die Nennung auf der Liste der gefährlichen Hunderassen, die je nach Landeshundegesetz unterschiedlich zusammengesetzt ist, kann für Ihren Hund ein »Hier nicht!«

bedeuten. Vor Gericht gehen solche Einzelfallentscheidungen zwar mittlerweile oft gut aus für Hundebesitzer, doch so weit sollte man es besser nicht kommen lassen. Ein gestörtes Verhältnis zum Vermieter oder auch zu den Nachbarn ist sicher die schlechteste Basis für ein harmonisches Miteinander.

DARF ICH VORSTELLEN, MEIN CITY-DOG

Falls die Zustimmung in Frage steht, oder überhaupt, wenn Sie und Ihr Vierbeiner irgendwo »die Neuen« sind, überlegen Sie, wie Sie Überzeugungsarbeit leisten können. Wer zum Beispiel einen Hundeführerschein absolviert hat (→ Seite 22), punktet damit beim Vermieter bestimmt. Und wenn Sie mit einem Info-Blatt so genau wie möglich Auskunft geben über Ihren Vierbeiner, wird das sicher auch als vertrauensbildende Maßnahme gewertet. Darin könnten Sie beispielsweise schildern, wie eine typische Woche mit Ihrem Hund aussieht, von der ersten Gassirunde am

So klappt es: Sicher an der Seite von Frauchen den Fahrstuhl betreten, damit die Türen nicht zu früh schließen.

WER HILFT IM NOTFALL?

Eine dicke Erkältung zwingt ins Bett, im Job ergibt sich unerwartet ein längerer Termin: Da muss jemand einspringen für die Hundebetreuung. Stellen Sie ein entsprechendes Netzwerk zusammen, und halten Sie die Kontaktdaten übersichtlich parat, dann ist Hilfe rasch organisiert. Klar, dass Sie auch mal aushelfen ...

〰〰〰〰〰〰〰

Morgen, über das Hundetraining am Wochenende, den Einsatz als begehrter Sozialpartner auf vier Pfoten in Schule oder Kindergarten, als Bürohund oder ein-, zweimal die Woche als Gast in einer Hundetagesstätte (»Huta«). Damit präsentieren Sie sich als engagierter Hundehalter, der selbstverständlich offen ist für Rückfragen und eventuelle Bitten um Rücksichtnahme. Auch bei den sonstigen Mietern im Apartmenthaus kommt eine derartige »Öffentlichkeitsarbeit« in Sachen City-Dog sicher gut an. Auf diese Weise können Sie auch gleich freundlich mitteilen, was Sie selbst sich von Ihren Mitbewohnern wünschen, zum Beispiel, den Hund nicht ungefragt mit Leckerlis zu verwöhnen oder auch ihn nicht zu streicheln, wenn Sie das nicht möchten.

Beide Sichtweisen haben etwas: Die einen Hundebesitzer sagen, wenn ich daheim bin, wird nicht gebellt, weil ich alles unter Kontrolle habe. Die anderen: Zwei-, dreimal bellen empfinde ich als Schutz, das darf mein Hund. In beiden Fällen brauchen Sie für das Training ein Abbruchsignal.

WIE VIEL BELLEN IST ERLAUBT?

Nicht nur zwischen Hundehaltern und Nicht-Hundehaltern, auch untereinander bestehen hierzu verschiedene Ansichten. Die einen meinen, ein Hund muss sich auch lautstark äußern dürfen, anderen zerrt das Bellen grundsätzlich an den Nerven. Als gesichert gilt mittlerweile, dass Hunde das Bellen gezielt für die unterschiedlichsten Kommunikationsabsichten einsetzen, und zwar untereinander und im Austausch mit dem Menschen. Die Canidenforscherin Dorit Feddersen-Petersen am Institut für Haustierkunde der Universität in Kiel teilt die Lautgruppe Bellen in insgesamt zwölf Kategorien ein, zum Beispiel als freudige Äußerung beim Spielen oder als Spielaufforderung, als soziale Begrüßung, bei Isolation oder als abwehrende Lautäußerung. Fest steht aber auch: Im engen Zusammenleben mit dem Menschen – wie in einer Nachbarschaft – kann das Bellen zum Störfaktor werden, wenn es mehr oder weniger unkontrolliert zugelassen wird. Von der Rechtsprechung erlaubt ist ein »gelegentliches Bellen«, eine dehnbare Formulierung. Entscheidet das Gericht auf »Ruhestörung«, droht ein Bußgeld, im Ernstfall sogar eine Wohnungskündigung (→ Seite 20).

Vermitteln Sie darum Ihrem Hund, ob und wann ein Bellen okay ist – und wann es damit auch wieder gut ist. Am stressfreiesten ist es sicher, wenn gar nicht gebellt wird. Aber das ist Einstellungssache. Übrigens: Bellen empfinden Hunde als lustvoll und selbstbelohnend, genau wie das Jagen. Je länger und öfter Sie Ihren Vierbeiner gewähren lassen, desto hingebungsvoller wird er sich das Vergnügen gönnen.

ENDLICH RAUS: ZEIT FÜR OUTDOOR

Ein paar »Poopbags« in die Jackentasche, Sneaker an, Schlüssel und Leckerlis nicht vergessen: »Komm, wir gehen eine Runde!« Meist braucht es diese Aufforderung gar nicht, Ihr Hund versteht die Signale genau und weiß, wann es wieder mal rausgeht. Dreimal am Tag sollte es wenigstens sein, damit der Hund alle Geschäfte in Ruhe erledigen kann. Wie lange insgesamt? Das hängt neben Alter und Gesundheitszustand vom (Rasse-)Temperament des Hundes ab. Ein Welpe muss mehrmals täglich raus und soll dabei auch spielerisch die Gegend erkunden dürfen. 15 bis 20 Minuten sind dafür ein gutes Pensum. Bei erwachsenen, gesunden Hunden können anderthalb bis zwei

Der richtige »Stadthund«? Entscheidend sind die jeweiligen Rasse(mix)-Bedürfnisse und Ihr Lebensstil. Ein großer, schwerer Hund ist nichts für ein Loft, wenn es keinen Lift gibt. Der kälteliebende Husky mag keine Fußbodenheizung. Und »Kurznasen« wie Mops & Co. sind nichts für leidenschaftliche City-Jogger... Wenn Sie also noch die Wahl haben, informieren Sie sich genau, was welcher Hund braucht!

Erst ein ausgedehnter Spaziergang und eine kleine Mahlzeit, dann kann man auch schon mal geduldig warten.

Stunden am Tag als Orientierung dienen. Abwechslungsreiche Spaziergänge bereiten Ihrem Vierbeiner die größte Freude und Auslastung. Längere Ausflüge ins Grüne sollten Sie immer wieder einplanen (→ Seite 113). Natur pur ist ein Abenteuer für alle Sinne, das gilt für Mensch und Tier gleichermaßen.

EIN SPIEL PASST IN DIE KLEINSTE HÜTTE

Aber auch Ihre Wohnung steckt voller Möglichkeiten für eine kleine Spielrunde. Schauen Sie sich um: Gestapelte Kissen mit Leckerlis dazwischen, eine Handtuchrolle, die fürs ordentliche Aufrollen mit der Hundenase eine leckere Überraschung bereithält, ein kurzes Suchspiel – das beschert dem Vierbeiner ein Erfolgserlebnis und Ihnen beiden Freude miteinander, was die Bindung stärkt. Voraussetzung ist, dass auch das Spielen gewissen Regeln folgt und nicht zu Frust und Überforderung führt (→ Literatur, Seite 118). Zwei, drei Minuten pro Spielrunde können durchaus genügen. Bieten Sie das Spiel an, wenn Ihr Hund Entspanntheit signalisiert, und nicht, wenn er drängelt, denn dann würden Sie ihn genau dafür belohnen.

HUND ALLEIN ZU HAUSE?
NUR KEINE SORGE!

Noch nicht wirklich fit für die Stadt? Termine, die nur ohne Hund möglich sind? Dann ist Daheimlassen die bessere Entscheidung. Auszeit ohne Trennungsangst: So geht's.

Tja, von Herrchen ist offenbar nichts zu erwarten ... Aber er kommt ja wieder, deshalb einfach mal entspannen.

Wer einen Welpen zu sich genommen hat, kann das gelegentliche Alleinbleiben mit ihm von Anfang an trainieren. Doch mit dem Ende der Pubertät, je nach Rasse etwa zwischen dem 6. und 15. Lebensmonat, gerät der Vierbeiner nochmals in eine sensible Phase. Dann kann es (erneut) zu Trennungsangst kommen, obwohl vorher alles schon prima geklappt hatte. Wer einen Hund mit Vergangenheit übernimmt, weiß oftmals ohnehin nicht so genau, was vorher war. Und auch der Umzug in eine andere Wohnung kann dazu führen, dass der Vierbeiner verunsichert ist und partout nicht allein zu Hause bleiben möchte.

DAS ALLEINSEIN GEMEINSAM TRAINIEREN

Was auch immer der Grund sein mag, behutsames Training ist angesagt. Wählen Sie einen der Wohnungsräume als »Wohlfühlzimmer« für Ihren Vierbeiner, am besten nicht zu groß und ohne direkten Blick nach draußen (ohne Terrassentür, Bodenfenster). Richten Sie Ihrem Hund einen gemütlichen Platz ein; dieser sollte nicht direkt gegenüber der Tür liegen. Dazu einen Kauknochen oder sein Lieblingsspielzeug und frisches Wasser, fertig ist die Situation.
Damit der Hund zunächst lernt, sich auch ohne Ihre ständige Aufmerksamkeit wohlzufühlen, bleiben Sie

Auch wenn es mit dem ruhigen Warten noch nicht ganz klappt: Ins Zimmer zurückkehren und freundlich ignorieren.

ten oder gehen öfter kurz raus. Erledigen Sie Alltagsaufgaben, aber setzen Sie sich auch ruhig irgendwo hin, damit der Hund sich an die Stille gewöhnt.

Sobald der Hund Ihre Abwesenheit **innerhalb** der Wohnung entspannt toleriert, verlassen Sie die Wohnung für ein, zwei Minuten. Der Hund ist im Wohlfühlzimmer, die Tür geschlossen. Sie kehren zurück, betreten das Zimmer, beachten Ihren Hund dabei aber nicht. Steigern Sie diese Zeiten in den nächsten Tagen/Wochen langsam, aber sicher. Üben Sie zu unterschiedlichen Tageszeiten, damit auch ein Kinobesuch bald kein Problem mehr ist. Wichtig: Die Abwesenheitsdauer immer der Entspanntheit des Hundes anpassen. Sobald er unruhig wird, verkürzen Sie die Abwesenheitsdauer wieder etwas. Das Training kann einige Wochen, aber auch einige Monate dauern. Ihre Geduld wird sich lohnen: Sie gewinnen Ihre Freiheit zurück und der Hund seine Selbstsicherheit.

anfangs mit ihm im Zimmer. Schließen Sie die Tür, und beschäftigen Sie sich (lesen, Musik hören), aber nicht mit Ihrem Hund. Wird er unruhig, ignorieren Sie das freundlich. Bleiben Sie bis zu einer halben Stunde. Dann öffnen Sie die Tür, verweilen einen Moment, belassen Kauknochen bzw. Spielzeug im Zimmer und gehen schließlich kommentarlos hinaus. Der Hund kann bleiben oder mitkommen.

Sobald Ihr Hund das ruhig mitmacht, folgt der nächste Schritt. Sie beide wieder im Wohlfühlzimmer, die Tür geschlossen, Sie lesen ... Nach fünf bis zehn Minuten verlassen Sie den Raum kommentarlos und schließen die Tür. Nach etwa 20 Sekunden (!) kehren Sie zurück, mit einem Glas Wasser oder einer Zeitschrift, ignorieren den Hund, schließen die Tür und nehmen Ihre Beschäftigung wieder auf. Falls der Hund während Ihrer Abwesenheit unruhig wurde, gehen Sie nicht darauf ein und betreten den Raum wie beschrieben (→ Tipp rechts). Erst wenn das gut klappt, steigern Sie die Abwesenheitsdauer in kleinen Schrit-

---

IGNORIEREN

Vielen Hundehaltern fällt das schwer: Dem Hund keine Beachtung schenken, ob er nun lieb schaut oder jammert. (Bei gefährlichen Aktionen, z. B. an einem Kabel kauen, gilt das nicht). Doch: Jede Reaktion Ihrerseits bedeutet für den Vierbeiner eine Zuwendung, die er sich wünscht – er weiß genau, was er dafür machen muss. Ignorieren Sie ihn hingegen freundlich, lernt er: Mein »Theater« bringt nichts. Wenn Frauchen bzw. Herrchen mich nicht beachten, ist eben Ruhe angesagt – fertig. Also bleibe ich ruhig, bis die da oben sich wieder bei mir melden ...

STADTINFOS FÜR HUNDEHALTER

Von der Hundesteuer bis zum Gassibeutel: Die Stadtpolitik kommt am Thema »City-Dog« nicht vorbei. Schade, wenn Sie als Hundehalter/in vielleicht gar nicht alle Serviceleistungen kennen und nutzen. Regional gibt es neben vielen Geboten nämlich auch viele Angebote rund um den Hund. Infos, Tipps und Adressen finden Sie auf den folgenden Seiten.

Es ist längst Pflicht (und selbstverständlich), die Hinterlassenschaften zu entfernen. Jeder Tütenspender hilft!

Wie hundefreundlich ist eine Stadt? Vielleicht ist das nicht die allererste Frage, die Sie sich stellen, falls einmal ein Umzug anstehen sollte, für die Ausbildung, für den Job, für die Liebe. Aber bestimmt auch nicht die letzte. Wer mit Hund(en) lebt, weiß, wie sehr es die gemeinsame Lebensqualität beeinflusst, ob eine Stadt z. B. »grün« ist – und zwar nicht nur für ihre Menschen, sondern auch für ihre Hunde (und andere Tiere). Leinenzwang, Mitnahmeregeln in Bus und Bahn, Auslaufmöglichkeiten auch ohne Leine, Einrichtungen wie Tierrettungsorganisationen, Hundetagesstätten, Gassi-Service, Hundeschulen: Das alles gibt es mal mehr, mal weniger in den einzelnen Städten und Gemeinden. Es lohnt sich, Bescheid zu wissen, was die eigene Stadt Mensch und Tier zu bieten hat. Und es macht vieles einfacher, wenn man auch in einer fremden Stadt weiß, was man von Hund und Halter dort erwartet – und was man ihnen bietet.

HUNDELIEBE KOSTET PRO SCHNAUZE

Wofür eigentlich Hundesteuer, fragen sich viele Hundebesitzer und ärgern sich – in den entsprechenden Internetforen wird das Thema immer wieder heiß diskutiert. Gut zu wissen in diesem Zusammenhang: Steuern, die der Staat einnimmt, muss er nicht zweckgebunden investieren; alle Einnahmen werden zur Deckung aller Ausgaben verwendet. Dieses Argument sticht also nicht wirklich. Als ungerecht empfinden es viele Hundehalter dennoch, vor allem, weil die Höhe von Kommune zu Kommune so unterschiedlich ist. In den Städten zahlt man pro Schnauze in aller Regel deutlich mehr als in eher ländlichen Gemeinden (1 € im oberbayerischen Ettal, 186 € in Mainz, jeweils für den Ersthund), jeder weitere Hund kostet in vielen Städten noch mehr. Das soll wohl auch dazu dienen, die Zahl der Hunde in den Städten eher gering zu halten. In Österreich und in der Schweiz verlangen Städte, Gemeinden und Kantone ebenfalls eine Hundesteuer, in vielen anderen europäischen Nachbarländern gibt es diese Steuerart nicht (mehr). Fällig wird sie in Deutschland einmal im Jahr, meist im Januar, und zwar für jeden Hund, der älter als drei Monate ist. Wer in eine andere Stadt umgezogen ist, muss seinen vierbeinigen Mitbewohner dort innerhalb von 14 Tagen anmelden (bei der Gemeinde, dem Kreisverwaltungsreferat oder der Stadtverwaltung) und zahlt dann anteilig für den Rest des Jahres. Für Hunderassen oder -mischungen, die auf einer Liste für gefährliche Hunde gelandet sind, wird häufig eine sehr hohe Steuerabgabe (bis zu 1000 €) erhoben.

Unter dem Stichwort »Hundesteuer« finden Sie im Internet die Angaben zu Ihrer Stadt, übrigens auch zu der Frage, wann es eine Befreiung gibt. Für Rettungshunde beispielsweise und für jene, die Menschen mit Handicap zur Seite stehen; für Vierbeiner, die einen Beruf haben (Schutzhunde, Forsthunde, Hütehunde) und in einigen Städten, zumindest für eine gewisse Zeit, auch für einen Hund, den man aus einem städtischen Tierheim zu sich genommen hat. Nicht zuletzt beschert auch der »Hundeführerschein« in immer mehr Städten und Gemeinden einen »Rabatt«, oft gibt es ein Jahr Steuerbefreiung dafür.

Jede Stadt hat ihre Regeln: Hier signalisiert ein Poller mit durchgestrichenem Dackel, dass Hunde bitte fernbleiben sollen.

DER UMWELT ZULIEBE

Umweltfreundliche Gassibeutel? Die gibt es! Sie sind ein Thema für Kommunen, in denen Hundekottüten leider allzu oft im Grünen landen. Das ist in jedem Falle ärgerlich, doch sind die Beutel biologisch abbaubar, ist es zumindest für die Umwelt nicht mehr ganz so schlimm. Infos unter www.thesustainablepeople.com.

PRIMA KLIMA FÜR DEN VIERBEINER?

Wie gut es eine Stadt mit »ihren« Hunden meint, dafür bekommt man als Hundebesitzer schnell ein Gefühl. Sind Hunde im Café, in der Tagesbar, im Restaurant willkommen oder eher nicht? Stellen die Geschäftsleute auch mal eine Schüssel mit frischem Wasser vor die Ladentür, wenn es wärmer wird? Gibt es öfter mal ein Lächeln für den Vierbeiner, wenn er in Bus und Bahn ruhig und gelassen mitfährt? Sicher ist das auch eine Frage von Geben und Nehmen, gutes Benehmen gegen freundliche Akzeptanz. Dafür können Hundehalter eine Menge tun (→ Seite 70). Aber auch die jeweilige Stadtpolitik betreibt eine Art Klimaarbeit für (oder gegen) die Hundehaltung. Gibt es genügend Möglichkeiten, den Hund auch ohne Leine laufen zu lassen? Wie viele Gassibeutelspender stehen bereit? Muss der Hund ab einer bestimmten Größe in Bus und Bahn einen Maulkorb tragen?

Von der Höhe der Hundesteuer über die Hundeverordnung (Leinenpflicht) bis hin zur kostenlosen Ausgabe von Gassibeuteln gibt es vieles, was Menschen mit Hund das Leben leichter macht, aber leider auch so manches, was es eher verkompliziert. In jedem Falle ist es gut zu wissen, was der Hund darf oder nicht darf. Denn neben unnötigen Diskussionen während der Gassirunde kann ein Verstoß gegen Vorschriften eine Ordnungsstrafe mit Bußgeld zur Folge haben.

Wie gut informiert die Stadt oder die Gemeinde auf ihrer Internetseite und in der Tagespresse über Angelegenheiten rund um Mensch und Hund? Das sind Punkte, die Sie sich einmal genauer auf den jeweiligen Info-Seiten im Web anschauen sollten. Auch Angaben zu den stadt- oder gemeindeüblichen Ruhezeiten finden sich hier beispielsweise (wichtig, falls Ihr Hund in der Wohnung bellt → Seite 14). Bescheid zu

Informieren Sie sich vorab, ob Ihr Hund in Bus, Bahn und Tram ein Ticket und womöglich einen Maulkorb braucht.

SMARTPHONE ALS SPÜRNASE

Für Mobile-Fans gibt es eine Reihe von Apps, die (nicht nur) Stadthundebesitzer auf die richtige Spur bringen wollen. Damit kann man sich z. B. anzeigen lassen, was die nächste Umgebung (oder eine andere Stadt) rund um den Hund zu bieten hat: Ob Hundewiese oder Gassibeutelspender, Tierarztpraxis oder hundefreundliches Restaurant – hier finden Sie alles. Viele Apps (aber nicht alle) sind kostenlos und leben vom Feedback der Nutzer. Stichwort »Hund« im App-Store eingeben oder im Internet nach »Hunde-Apps« suchen. Vorm Herunterladen checken, welche App wirklich Sinn macht und regelmäßig aktualisiert wird.

wissen schützt am besten vor ärgerlichen Scheindebatten und ist zugleich eine solide Basis für eventuelle »Interessenarbeit« in eigener Sache. Wer sich engagieren möchte und dabei nicht aus den Augen verliert, was für beide Seiten wichtig ist, findet mit Sicherheit schnell Mitstreiter für eine gute Sache. Und schließlich lohnt sich jede noch so kleine Verbesserung für das Zusammenleben von Mensch und Tier.

ICH HAB' JETZT (WIEDER) EINEN HUND!

Vielleicht haben Sie sich endlich einen Traum erfüllt und einen Hund zu sich genommen, ob vom Züchter oder aus dem Tierheim – Glückwunsch! Das wird Ihr

Leben ganz bestimmt bereichern. Sicher gibt es jetzt aber auch eine Menge zu organisieren und klären: Wo geht man im Umkreis am besten spazieren, was sind tolle Auslaufgebiete in erreichbarer Entfernung, wer nimmt meinen Hund, wenn die Zeit mal knapp ist, welche Tierarztpraxis empfiehlt sich, gibt es womöglich einen Bio-Tierkostladen in der Stadt ... Gemeinsame Gassirunden, Outdoor-Tipps, Hundeschulen, Hutas, der Tierrettungsdienst oder wenigstens eine Notrufnummer: Ein Überblick macht das Leben mit Hund einfacher, sorgenfreier und womöglich auch erlebnisreicher (→ Checkliste rechts). Wer Social-Media-Communities nutzt, verpasst ab sofort kein Event mehr rund um den Hund – oder entdeckt genau die richtigen Leute, um etwas Interessantes für oder mit den City-Dogs auf die Pfoten zu stellen.

Bücher und Magazine (→ Seite 118) rund um den Stadthund gibt es ebenso, sie führen quer durch Deutschland, Österreich und die Schweiz (z. B. die Buchreihe »Fred & Otto – Stadtführer für Hunde«). Das Magazin »City Dog« befasst sich in monatlichen regionalen Ausgaben mit der jeweiligen Hundeszene vor Ort (Hamburg, Berlin, Bayern), wie auch überregionale Zeitschriften regelmäßig über besonders hundefreundliche Städte berichten (z. B. »dogs«). Wie schön, wenn Ihre Stadt dabei ist!

EIN CITY-TRIP – UND ICH DARF MIT!

So eine Auszeichnung kann auch mal ein Grund für eine Städtereise sein – mit Vierbeiner. Schließlich gibt es extra organisierte Stadtführungen, dazu Hotels, Restaurants und sogar Tierparks (z. B. in München), die den Vierbeiner (an der Leine) willkommen heißen (→ Info, Seite 20). Wenn Sie den Stadtbesuch auf die Fähigkeiten und Bedürfnisse Ihres Hundes abstimmen und die Anfahrt nicht zu lang oder kompliziert ist, spricht nichts gegen so einen City-Trip!

RUNDUM SCHLAU GEMACHT

München hat einen bestens organisierten Tierrettungdienst, Hamburg gibt jährlich 25 Millionen Gassibeutel gratis aus, in Berlin lockt ein Hundegarten mit Agility-Spaß: Citys auf den Hund gefühlt.

Sie sind neu in der Stadt oder unter die Hundebesitzer gegangen: Dann ist erst einmal gründliche Recherche angesagt. Worüber Sie Bescheid wissen sollten, welche Dienstleistungen Sie jetzt in Anspruch nehmen können, wer im Notfall hilft:

☐ Hundesteuer   ☐ Hundeschulen
☐ Hundeverordnung   ☐ Hundetagesstätten
☐ Notruf/Tierrettung   ☐ Auslauf-Treffpunkte
☐ Tierärzte/-kliniken   ☐ Hunde-Apps
☐ Gassibeutelspender   ☐ Stadt(hunde)führer

Mit der Zeit kommt eine Menge Wissen rund um den Hund zusammen: Am besten notieren Sie alles, was Sie im Laufe der Zeit herausgefunden haben, übersichtlich in einer Liste und aktualisieren diese immer mal wieder. Das Web ist natürlich längst die wichtigste Quelle, z. B. unter www.Stadthunde.com. Ob in einem schlichten Notizheft, im Smartphone oder in einem »Dog Journal« zum Kaufen: Immer griffbereit, macht es so eine Liste nicht nur Ihnen leichter, im Alltag mit dem Hund den Überblick zu wahren, sondern ist z. B. auch für einen Hundesitter ein äußerst sinnvolles Nachschlagewerk.

GEPRÜFTE STADTPROFIS: SOUVERÄN MIT HUNDEFÜHRERSCHEIN

*Ihrem Hund ist der »Lappen« bestimmt egal. Aber was er
da lernt, macht aus ihm einen ziemlich coolen Typen: Urban,
rücksichtsvoll, beliebt. Passt zu Ihnen, oder?*

*Warten am Randstein, ein kleiner Bogen um Passanten,
perfekter Rückruf im Freilauf: reif für den Hundeführerschein!*

Sie und Ihr Hund in der Stadt unterwegs. Da kommt Ihnen ein junger Mann entgegen, der offenbar keine guten Erfahrungen gemacht hat mit Hunden – jedenfalls schaut er Ihren tierischen Begleiter ziemlich skeptisch an. Dem Mann kann geholfen werden: Mit einem leisen »Rechte Seite!« schicken Sie Ihren Hund an Ihre andere Körperseite (→ Seite 31), und schon entspannt sich Ihr Gegenüber – denn nun muss er nicht an Ihrem Hund vorbeigehen, sondern an Ihnen. Und das beunruhigt ihn offenbar weit weniger ...

WIR ZEIGEN, WAS WIR KÖNNEN

Es ist ein besonderes Erlebnis, gemeinsam mit dem Hund eine Prüfung zu bestehen. Dafür gibt es verschiedene Möglichkeiten und sogar welche, die Sie beide zum »stadtlich« geprüften Mensch-Hund-Team machen. Denn der praktische Teil einer Hundeführerschein-Prüfung findet nicht nur im Grünen statt, sondern auch auf Asphalt – »streetlife« als Testmeile für ein souveränes und rücksichtsvolles Miteinander. Allerdings gibt es bislang keinen bundeseinheitlichen Hundeführerschein, sondern je nach anbietender Institution mehrere Varianten. Zum Beispiel den »Hundeführerschein – Grundwissen Gefahrenvermeidung im Umgang mit Hunden«. Entwickelt wurde das Konzept von der Bayerischen Landestierärztekammer zusammen mit der Tierärztlichen Fakultät München, durchgeführt wird es von speziell geschulten Tierärztinnen und Tierärzten. Verschiedene Bundesländer bieten diesen Hundeführerschein als Kombination aus Theorie und Praxis an. Der theoretische Unterricht umfasst 12 Stunden Hintergrundwissen für Hundebesitzer und alle, die es werden wollen. Es geht um den Welpen (Herkunft und Sozialisation), um die Kommunikation von Hunden (Mimik/Körpersprache), um ihr Lernverhalten, um das Zusammenleben mit Hund in einer Familie, um das Erkennen und Vermeiden von Gefahrensituationen und um rücksichtsvolles und damit sicheres Auftreten in der Öffentlichkeit. Auch die Rechte und die Pflichten des Hundehalters kommen zur Sprache. Wussten Sie zum Beispiel, dass es als Ordnungswidrigkeit gewertet werden kann, wenn Ihr Hund einen Passanten heftig erschreckt – bei Schlimmerem sogar als Straftat?

Damit erst gar nichts passiert, gibt es für Hundebesitzer einen anschließenden praktischen Teil. Geübt und schließlich geprüft wird in parkähnlicher Umgebung und in einem städtischen Bereich. Rückruf im Freilauf, Gehen an lockerer Leine, den Hund aus der Situation herausnehmen, wenn jemand Angst hat, und einiges mehr machen aus Hund und Mensch ein erprobtes Team, für das Fairplay eine Selbstverständlichkeit – und eine leichte Übung – ist.

Übrigens wünschen sich nicht nur Nicht-Hundebesitzer, dass ein Hundeführerschein bundesweit zur Pflicht wird. Auch viele Hundebesitzer wären froh, wenn Debatten zum Thema »Der tut doch nix« oder »Das regeln die unter sich« überflüssig würden und ein Grundwissen rund um den Hund für ein stressfreieres Miteinander sorgt. Und für so manchen Hund wäre es vielleicht die Erfüllung einer großen heimlichen Sehnsucht: Bitte versteh mich doch.

Immer mehr Städte fördern den Hundeführerschein mit einem meist einjährigen Erlass der Hundesteuer. In einigen Bundesländern ist er Voraussetzung, um von der allgemeinen Anleinpflicht befreit zu werden.

Ein gewisser Grundgehorsam ist eine gute Vorbereitung für den Hundeführerschein. Halti oder Maulkorb sind übrigens keine Ausschlusskriterien. Welche Voraussetzungen erfüllt sein müssen, bevor Sie und Ihr Vierbeiner zur Prüfung antreten dürfen:

- ☐ Mindestalter Hund: 12 Monate
- ☐ Ordnungsgemäßer Impfausweis
- ☐ Mindestalter Hundehalter: 16 Jahre
- ☐ Hundehalter besitzt Tierhaftpflicht

Hundeführerscheine gibt es (ähnlich) auch von anderen Institutionen, zum Beispiel vom Verband für das Deutsche Hundewesen e. V. (VDH), vom Bundesverband der Hundeerzieher und Verhaltensberater e. V. (BHV) oder von der Interessengemeinschaft (IG) unabhängiger Hundeschulen.

Wichtig: Achten Sie darauf, dass die anbietende Institution, zum Beispiel eine Hundeschule, nach dem neuen Tierschutzgesetz § 11 eine Erlaubnis zur Arbeit mit Mensch und Hund hat – als Mindestkriterium für ein fachkundiges Training.

OHNE EIN RISIKO
SICHER DABEI

Kaum ein Gegenstand im Zusammenhang mit dem Hund ist so symbolträchtig wie die Leine. Sie verbindet uns mit dem geliebten Vierbeiner. Sie signalisiert ihm, dass »es gleich losgeht«. Sie soll ihm zeigen, wer das Sagen hat in der Zweierbeziehung Mensch-Hund. Sie ist Mode-Accessoire, Lebensretter – und fast immer ein unterschätztes Hilfsmittel für das Training.

WER'S KANN, LÄUFT ZWANGLOS MIT

Selbstverständlich ist sie immer griffbereit. Denn es gibt viele Situationen, in denen die Leine für den Hund Sicherheit bedeutet. Und Schutz für Mensch und Tier drum herum. Locker, lässig, zuverlässig: Anleinen ist Vorsicht und Rücksicht zugleich.

In den meisten Städten ist es ohnehin vorgeschrieben: Das Anleinen sollte in der Nähe von Straßen, von Spielplätzen, in Fußgängerzonen und in jeder irgendwie unsicheren Situation zum Automatismus werden – vorausschauend, ruhig und ohne inneres Bedauern. Oft ist es nämlich unser eigenes Empfinden, das sich auf den Hund überträgt, wenn er angeleint wird. Wenn es Ihnen eigentlich widerstrebt, Ihren Hund an die Leine zu nehmen, fühlt auch er sich eher unwohl, versucht vielleicht, sich zu entziehen, hält dagegen, zerrt. Und schon sehen sich beide bestätigt.

KONTROLLE IST BESSER

Ganz anders, wenn Sie die Leine als zeitweilige feste Verbindung zwischen Ihnen und Ihrem Hund betrachten, die allen Sicherheit gibt. Stellen Sie sich folgende Situation vor: Sie gehen auf einem etwas breiteren Fußweg an einem Paketdienst-Wagen vorbei, der dort für einen Moment hält. Unerwartet rollt der Lieferbote aus dem Wageninneren die Paketkarre heraus, es rumpelt ordentlich – und Ihr Hund erschrickt so sehr, dass er mit einem großen Satz zur Seite springt. An der entsprechend kurzen Leine (ca. 1,5 m, → Seite 27) ist das zwar immer noch ein böser Schreck, aber keine Lebensgefahr – die Leine hat ihn davor bewahrt, auf die Straße abzukommen.

Stadtleben ist nun mal unberechenbar. Von einem Moment auf den anderen kann etwas passieren oder die Situation eine andere werden:

• Plötzlich dichtes Gedränge um Sie herum? Ihr Hund folgt Ihnen mühelos, weil die Leine ihn lenkt.
• Mit einem großen Satz aus dem Auto, yippie, der Park ist in Sicht … Angeleint bleibt Ihr Vierbeiner trotz aller Vorfreude so lange bei Ihnen, bis weit und breit keinerlei Gefahr mehr droht.
• Hinein in den Bus, die U-Bahn, den Lift – schnell mal kürzer gefasst und »Bei mir« signalisiert, schon haben Sie den Hund unter Kontrolle.
• Vorbei am Spielplatz oder an einer Schule? Lieber auf Nummer Sicher gehen, falls der Hund sich vom fröhlichen Trubel allzu leicht anstecken lässt.
• Und mitten im Straßenverkehr stellt sich die Frage erst gar nicht: Kein Motiv kann triftig genug sein, um die Unversehrtheit und das Leben von Verkehrsteilnehmern zu riskieren – einer davon ist Ihr Hund.

RICHTIG ANLEINEN

Falls Ihr Hund noch etwas Stress damit hat, angeleint zu werden, gehen Sie entschlossen, aber sensibel vor. Stellen Sie sich seitlich zu ihm, und hängen Sie die Leine von unten in den Ring. Das wirkt am wenigsten bedrohlich. Ein junger Hund bekommt dafür jedes Mal ein Leckerli als Belohnung, ein erwachsener Hund dann, wenn er auf Ihren Rückruf hin zu Ihnen kommt, um sich anleinen zu lassen. Ist der Hund an der Leine, lassen Sie sich einen Blickkontakt geben, und dann geht es mit ruhigem Schritt los.

WIE SIE LERNEN, DIE LEINE ZU LIEBEN

Warum widerstrebt es so vielen Hundehaltern, ihren Liebling anzuleinen? Vielleicht, weil Freiheit großzügiger erscheint, weil man dem eigenen Hund komplett vertraut (»der passt schon auf ...«) oder weil es lästig ist, sich von ihm durch die Gegend ziehen zu lassen. Bei vielen Mensch-Hund-Teams läuft es so. Nicht nur deshalb ist es sinnvoll, das An-der-Leine-Gehen zu trainieren, sodass weder Sie noch Ihr Hund es als Einschränkung empfinden. Denn das Führen bzw. Gehen an lockerer Leine (dabei geht der Hund nicht vor Ihnen, sondern neben Ihnen) dient nicht nur dem Schutz und der Sicherheit, sondern hat einen überaus wichtigen Zusatzeffekt: Ihr Hund lernt, **sich an Ihnen zu orientieren**. Und das ist so ziemlich mit das Beste, was Ihnen beiden gelingen kann! Für den Hund ist es eine große Beruhigung, denn er muss nicht ständig selbst entscheiden, wo es langgeht. Das übernehmen Sie. Er muss auch nicht andauernd che-

cken, was »da vorn« wohl auf Sie beide zukommt – er ist ja nicht (mehr) der Vorposten. Unsichere oder ängstliche Hunde profitieren davon ganz besonders. Deshalb ist es auch so wichtig, bei einer Schreck- oder Angstreaktion des Hundes dennoch an lockerer Leine weiterzugehen (ja, das funktioniert tatsächlich, → Seite 33). Das entspannt die Situation spürbar und macht es Ihnen beiden wieder möglich, miteinander über Körpersprache zu kommunizieren (»Bei mir bist du sicher ...«). Und: Beim Gehen an der lockeren Leine entfällt auch der gesundheitlich bedenkliche Zug auf Hals- und Nackenmuskulatur des Hundes. Manche legen sich ja wirklich ordentlich ins Zeug, dann hilft anfangs womöglich ein Kopfhalfter (Halti).

ENTSPANNT UNTERWEGS

Was bedeutet die lockere Leine für Sie? Je nachdem, wie »pfundig« Ihr Hund ist, entlastet es Ihre Schulter- und Armmuskulatur. Auf unsicherem Boden (schlammiger Wald, eisige Fußwege) gibt es keine Rutschpartie mehr, weil der Hund so zieht. Auch Tüten und Taschen in den Händen, noch dazu Auto- oder Fahrrad- oder Wohnungsschlüssel und eben die Leine, lassen sich viel bequemer handeln, wenn es keine

Perfekt: ein breites, gepolstertes Halsband und ein Geschirr, das nicht in den Hals oder hinter den Rippen drückt.

»Spannung« zwischen Ihnen und Ihrem Vierbeiner gibt. Locker ist sicher, gesund – und lässig: Es sieht ziemlich gut aus, völlig entspannt mit dem angeleinten Hund unterwegs zu sein. Und es kommt als entsprechende Botschaft bei Ihren Mitmenschen an: Ein Hund an lockerer Leine wirkt nachweislich freundlicher auf seine Umgebung als ein wild zerrender. Übrigens: Die ideale City-Leine ist 2 m lang und lässt sich einfach verkürzen. Auf dem Gehweg z. B. auf maximal 1,5 m, damit man ohne Probleme an Ihnen vorbeikommt. Spielen dann wieder mit voller Länge – denn auch das geht an der Leine (→ Seite 102)!

(→ Seite 102)

SO SITZT DAS GESCHIRR GUT

Wenn man am Ring zieht, soll das Vorderteil auf dem Brustbein sitzen (nicht in den Hals drücken). Der Brustriemen muss vor den drei letzten Rippen liegen, nicht hinter den letzten Rippen (im Bauch verlaufen Blutgefäße, Abschnürgefahr). Achten Sie auf ein breites, gepolstertes Gurtband. Ungünstig sind Geschirre, die wie ein Panzer die Bewegungsfreiheit einengen. Eine Schnur unter den Achseln ist Tierquälerei.

ÜBUNG 1
»BEI MIR«

Klare Ansage: Jetzt ist konzentriertes Gehen angesagt. Der Hund soll ruhig neben Ihnen laufen, seine Schulter etwa auf Höhe Ihres Beins. Hat er die Nase vorn, kommt er allzu leicht in die Versuchung, Tempo und Richtung selber zu bestimmen.

Mit »Bei mir« kommen Sie zu zweit gut durch jede Menschenmenge, Baustelle, Fahrstuhltür, in Bus, Bahn etc. Die Leine auf etwa 1 m bringen, bei kleinen Hunden etwas länger, bei sehr großen etwas kürzer. Wenn das Signal kommt, sollte Ihr Hund wissen: Jetzt wird nicht geschnuppert, nicht getrödelt,

nichts »erledigt«, nicht mal eben von einer Seite zur anderen gekreuzt. Ich gehe an der Seite im vorgegebenen Tempo mit, bis wieder ein Signal von oben kommt. Aus Erfahrung weiß er bald: Die nächste Pause kommt bestimmt! Und dann darf ich schnuppern, trödeln, erledigen ... Vielleicht gibt es sogar ein kleines Spiel! Fürs Training wählen Sie einen ruhigen Platz (reizarm). Dreimal am Tag fünf Minuten genügen, um das »Bei mir«-Gehen allmählich zur Selbstverständlichkeit werden zu lassen. So geht's:

1 Solange Ihr Hund die Übung noch nicht beherrscht, ist es eine prima Unterstützung, mit Halsband **und** Brustgeschirr zu trainieren. Leine in Halsband heißt: Jetzt wird trainiert. Leine in Geschirr bedeutet: Training beendet, du brauchst dich nicht mehr zu konzentrieren. Das überfordert Ihren Vierbeiner nicht und zugleich verinnerlicht er, am Halsband gehe ich **immer** »Bei mir«. Wollen Sie ein paar Minuten mit ihm üben, hängen Sie die Leine unaufgeregt von seinem Geschirr in das Halsband um (→ Bild 1).

2 Die Leine halten Sie an der Seite, an der Ihr Hund bei Ihnen geht. Lassen Sie sich von ihm einen Blickkontakt geben (→ Tipp links). Nun sagen Sie freundlich »Bei mir«, das signalisiert den Übungsstart (→ Bild 2). Dazu geben Sie ein visuelles Signal (z. B. die Leinenhand kurz auf den Oberschenkel legen). Dann ruhig losgehen (alle Signale nur einmal geben!).

SCHAU MIR IN DIE AUGEN

Wichtiges Kommunikationsmittel zwischen Ihnen und Ihrem Hund: der Blickkontakt. Den kann man üben. Anfangs zu Hause: Bei jedem zufälligen Blickkontakt loben Sie kurz (»Gut!«) und belohnen. WICHTIG: Lob exakt in der Sekunde, da der Hund Sie anschaut (nicht, wenn er wieder wegschaut). Klappt das gut, üben Sie draußen an der Leine. Ziel: Sicherer Blickkontakt, sobald er etwas möchte, z. B. Weitergehen. Richtiger Ablauf: Blickkontakt – »Sitz« – Lob – Belohnung – Blickkontakt – Auflösungssignal (→ S. 46).

Vor dem »Bei mir«-Training wird die Leine vom Geschirr ins Halsband umgehängt: Jetzt geht's ans Üben!

2 *Ein akustisches Signal kündigt der aufmerksamen Hündin den Trainingsstart an.*

3 *Souverän: Blick nach vorn, die Leine locker.*

Für aufmerksames, entspanntes Gehen neben der Besitzerin gibt es eine wohlverdiente Belohnung.

Übung beendet: Wieder im Geschirr wartet die Hündin auf das Auflösungssignal.

3 Souverän geht es weiter. Korrekt ist es, wenn der Hund aufmerksam an Ihrer Seite mitläuft (→ Bild 3). Sobald er die gewünschte Position verlässt, stoppen Sie und wechseln kommentarlos die Richtung, mal in einem 90°-Winkel, mal umkehren ... Abwechslungsreiches Gehen erhöht seine Aufmerksamkeit.

4 Wenn Ihr Hund in der gewünschten Position ein bis zwei Schritte schön mitgegangen ist, loben und belohnen Sie ihn sofort. **Wichtig:** Die Belohnung erhält der Hund exakt in der korrekten »Bei mir«-Position, und zwar aus der **leinenfreien** Hand (→ Bild 4). Er soll nicht mit der Leinenhand nach vorn geholt werden.

5 Sie beenden die Übung, indem Sie den Leinenkarabiner wieder ins Brustgeschirr einhängen, sich einen Blickkontakt geben lassen und dann das Auflösungssignal geben (→ Bild 5). Das kann z. B. ein kurzes »Weiter« (akustisch) mit entsprechender Handbewegung (visuell) sein. Setzen Sie Ihren Weg mit der Leine am Brustgeschirr fort, aber ohne das Signal »Bei mir«, denn nun ist ja wieder übungsfreies Gehen angesagt.

Steigern Sie die Phasen am Halsband immer erst dann, wenn eine Übungseinheit sicher klappt. Hat er das »Bei mir«-Gehen schließlich verinnerlicht, können Sie das Brustgeschirr weglassen. Dran denken: Nach einer halben, maximal einer Stunde sollten Sie Ihrem Hund ohnehin eine kleine Pause gönnen (bei jüngeren oder noch nicht so geübten Hunden auch früher). Danach ist die Konzentration für ein Weitergehen »Bei mir« sehr wahrscheinlich wieder da.

ÜBUNG 2
»SEITENWECHSEL«

Super, wenn der Hund das mühelos mitmacht: Schnell mal eben von der einen Seite auf die andere geschickt – und schon ist die Situation entschärft. So können Sie dafür sorgen, dass Sie wie ein Schutzschild zwischen Ihrem Hund und einem irgendwie gearteten »Stressor« stehen. Diese Strategie nennt man »Splitten«. Sinnvoll z. B., wenn Sie bemerken, dass Ihr Hund an Ihrer Seite zögert, weil vor Ihnen auf dem Gehweg etwas »Fürchterliches« auftaucht. Ein Zeitungsständer, ein geparktes Motorrad, ein Mensch, der eine Smartphone-Pause macht ... Hunde »splitten« im Freilauf oft von sich aus. Doch an der Leine soll Ihr Vierbeiner »Bei mir« gehen (→ Seite 31) und nicht selbstständig wechseln. Mit dem Seitenwechsel-Signal ermöglichen Sie ihm die schützende

IHRE SCHOKOLADENSEITE

Der Hund übernimmt die bevorzugte Seite meist von Ihnen. Führen Sie ihn am liebsten links, geht er dort auch am liebsten (und hat damit eine rechte »Schokoladenseite«). Deshalb macht es zwar Sinn, zunächst mit Ihrer Schoko-Seite anzufangen. Wenn Sie aber merken, dass es auf der anderen Seite schwieriger ist, lassen Sie die Schoko-Seite eine Weile weg und üben nur die andere – bis auch die kein Problem mehr ist.

Strategie. Ideal ist die Übung auch, wenn ein anderer Hund entgegenkommt, dann müssen sich die beiden nicht direkt begegnen. Oder: Sie bringen Ihren Hund

1

Gute Ausgangsposition für den Seitenwechsel: Die Hündin steht aufmerksam und entspannt neben ihrer Besitzerin.

von der Straße weg auf die sichere Hauswandseite. Auch der eine oder andere Passant wird dankbar sein für einen Seitenwechsel (bei Kindern oft ratsam).

1 Üben Sie den Seitenwechsel anfangs im Stehen, also noch nicht aus der Bewegung heraus. Dazu sollte Ihr Hund entspannt an Ihrer Seite platziert sein, Hundeschulter auf Höhe Ihres Beins (→ Bild 1). Auf der anderen Seite halten Sie in der Hand ein Leckerli bereit. Lassen Sie sich einen Blickkontakt geben.

Anfangs vielleicht nicht ganz einfach: Der Wechsel hinterm Rücken braucht etwas Übung und Geduld.

Es hat geklappt: Auf der anderen Seite der Besitzerin angekommen - Belohnung!

2 Nun führen Sie die Leckerli-Hand hinter Ihrem Rücken an die Hundenase (→ Bild 2). »Hintenherum« ist wichtig, denn der Hund soll keinesfalls vor Ihnen wechseln. Sonst besteht Stolpergefahr! Achten Sie darauf, dass Ihre Hand bis auf Höhe der Hundenase herunterreicht, damit er keinen Luftsprung machen muss. Nun lenken Sie Ihren Hund mit dem Leckerli vor seiner Nase von der einen auf die andere Seite.

3 Loben Sie Ihren Hund, wenn er auf der anderen Seite ankommt. Das Führungsleckerli gibt es als Belohnung, sobald er die richtige Position exakt eingenommen hat (→ Bild 3, hier fast erreicht). Im Anschluss erhält er aus der anderen Hand (!) zwei bis drei weitere Leckerlis. Damit halten Sie ihn in der gewollten Position. Denn einige Hunde neigen dazu, die

Seite vorschnell wieder zu verlassen, oder sind unruhig. Nach einem Blickkontakt beenden Sie die Übung mit einem Auflösungssignal (z. B. »Weiter«).

Trainieren Sie die Übung zwei- bis dreimal von einer zur anderen Seite. Dann eine kurze Pause, anschließend üben Sie andersherum. Erst wenn der Hund die Seitenwechsel zuverlässig ausführt, führen Sie auch ein akustisches oder visuelles Signal dazu ein. Das geht so: Kurz bevor Sie beim Üben über Ihren Rücken nach hinten schauen, sagen Sie zum Beispiel »links« oder »rechts«. Visuell können Sie mit der jeweiligen Hand auf den Schenkel klopfen, an dessen Seite der Hund wechseln soll. Wenn alles richtig gut klappt, trainieren Sie die Wechsel zunächst im langsamen Gehen, schließlich im normalen Geh-Tempo.

ÜBUNG 3
»LOCKERE LEINE«

Alles paletti: Eine Übung ist beendet, der Hund hat »frei« – zum Schnuppern, Schmusen etc. Dass die Leine locker durchhängt, zeigt, dass Hund und Halter sich in einer ziemlich wichtigen Angelegenheit einig sind: An der Leine wird nicht gezogen (auch nicht bei Angst!). Wenn Sie »Lockere Leine« konsequent üben, ist sie bald angenehmste Wirklichkeit.

1 *Später geht es auch ohne: Trainees erhalten im Brustgeschirr die Erlaubnis zum Schnuppern.*

1 Die Leine ist vom Halsband ins Geschirr umgehängt. Kurzer Blickkontakt, dann lösen Sie mit »Weiter« auf und machen dazu eine entsprechende Handbewegung in Laufrichtung (→ Bild 1). Schauen Sie am besten auch in diese Richtung, Ihr Hund nimmt Ihre Körpersprache sehr genau wahr.

2 Das Schnuppern an lockerer Leine (→ Bild 2) ist erlaubt, bis ein neues Signal kommt, z. B. »Bei mir« (→ Seite 30), weil Sie Ihren Stadtbummel fortsetzen wollen. Auch der Grünstreifen ist natürlich keine Rennstrecke für Ihren Vierbeiner: Schon beim kleinsten Anzeichen dafür, dass er ziehen könnte, bleiben Sie stehen und gehen in eine andere Richtung – am besten immer in die Gegenrichtung (→ Seite 30). Nehmen Sie den Arm an Ihren Körper, denn einen ausgestreckten Arm interpretiert der Hund als Zieherfolg. Außerdem spüren Sie so schon den leisesten Zug an der Leine und können sofort entsprechend reagieren.

Bitte schön: Der Hund darf an langer, lockerer Leine in aller Ruhe seinen Bedürfnissen nachkommen.

ÜBUNG 4
»HIER NICHT!«

Die meisten Rüdenbesitzer meinen, Ihr Hund muss immer müssen dürfen, weil es ihm nun mal ein dringendes Bedürfnis ist. Doch oft geht es ihm allein ums Markieren, und das ist in der Stadt vielerorts nicht erwünscht. Weil es ungut riecht, unschön aussieht und unhygienisch ist. Die einfache City-Regel lautet: Beinheben nur am Baum, Busch oder auf Gras – sonst nirgendwo! Die Regel gilt natürlich genauso für Hündinnen. Klar, dass Ihr Vierbeiner vor dem Stadtbesuch genügend Zeit haben muss, sich zu lösen. Und so trainieren Sie:

2 *Ermöglichen Sie genügend Gelegenheiten: Erleichterung im grünen Bereich*

1 *Nehmen Sie schon erste Anzeichen wahr: Rüden lernen rasch, wo es unerwünscht ist.*

1 Wo es kritisch werden könnte, haben Sie Ihren Hund gut im Blick. An seiner Art zu schnuppern erkennen Sie rechtzeitig, was er vorhat. Schon im Ansatz sagen Sie »Weg!« und schieben ihn mit der Hand auf seinem Oberschenkel (→ Bild 1) von besagter Stelle fort.

2 Die nächste geeignete Stelle – Grünstreifen, Bauminsel – ist Ihre: Führen Sie Ihren Hund dorthin, und gehen Sie einige Schritte mit ihm, bis alles erledigt ist (→ Bild 2). Möchte er nun nicht mehr, dann eben nicht, das nächste Grün kommt bestimmt.

ÜBUNG 5
»LEINE LOS«

Freilauf ohne Leine: Für den Hund ist das eine Notwendigkeit und ein Privileg zugleich. Und die ideale Belohnung für ein Tipptopp-Verhalten zuvor. Diese »Belohnung« registriert Ihr Hund sehr wohl. Übrigens: »Leine los« heißt nicht etwa »Mach', was du willst!«, sondern: »Du darfst gern eine Weile ohne Leine sein, wenn du die Spielregeln einhältst.« Und

1 Beim Ableinen gilt es, einen klaren Ablauf einzuhalten. Ein kurzer Check gibt die Sicherheit, dass die Situation optimal ist – keine Fahrräder, Passanten, andere Hunde, die ablenken oder gestört werden könnten. Lassen Sie den Hund ein »Sitz« machen. Stellen Sie sich seitlich zu Ihrem Hund, und lösen Sie ohne weiteren Kommentar die Leine. Dabei sollten Sie sich möglichst nicht über den Hund beugen (→ Bild 1).

2 »Leine los« ist natürlich nicht das Zeichen zum Lospreschen. Der Hund soll ruhig sitzen bleiben und auf Weiteres warten. Dafür lassen Sie sich einen Blickkontakt geben. Nun kommt das akustische Auflösungssignal, z. B. »Weiter«, und fast zeitgleich ein visuelles Auflösungszeichen (→ Seite 46). Diese bei-

1 *Aufmerksam und geduldig wartet die Hündin neben ihrer Besitzerin auf das Ableinen.*

Erst nach einem Blickkontakt geht es los: Frauchen erlaubt den Freilauf mit einem akustischen und einem visuellen Auflösungssignal.

das bedeutet: Der Hund hat nicht auf Durchzug geschaltet, belästigt niemanden und bleibt in einem kontrollierbaren Radius. Und so bringen Sie ihm diese entspannte Form des Freilaufens bei:

den Signale lösen alle Übungen auf. In Bild 2 beenden sie die Sitz-Aufgabe; die Hündin weiß nach dem Ableinen, dass Freilauf angesagt ist. Der Vierbeiner muss aber nicht zwingend »Sitz« machen, er kann auch nur ruhig stehen – aber eben nicht rumzappeln.

3 Viele Hunde entziehen sich während des Freilaufens dem Einflussbereich ihrer Besitzer, weil sie oft in einen völlig autonomen Modus umschalten, nach dem Motto »Ich bin jetzt nicht zu sprechen ...«. Sie bleiben weit zurück oder laufen weit voraus, verlassen die Wege, kreuzen nach Herzenslust. Im Stadtpark, aber nicht nur dort, kann ein zu großer Radius zu Problemen führen – von einer Rauferei mit einem anderen Hund bis hin zu Unfällen, z. B. mit Fahrradfahrern.

 Souveränes Gehen ist das A & O: an Schleppleine und Geschirr die Basics trainieren.

Das Schleppleinentraining ist eine ideale Übung für den Freilauf mit angepasstem Radius. Dabei orientiert sich Ihr Hund an Ihnen, bleibt für Signale ansprechbar und entfernt sich nicht weiter als etwa zehn Meter.

Hängen Sie die Leine in das Brustgeschirr um. Sie nehmen die Leine bei etwa drei bis vier Meter Länge in die Hand. Nun gehen Sie los, schauen sich nicht um (→ Bild 3) und wechseln nach wenigen Metern so oft die Richtung, bis der Hund an lockerer Leine gut mitläuft. Dann Leinenlänge nach und nach steigern, bis Sie bei sieben bis zehn Metern angekommen sind.

4 Ihr Ziel ist es, dass der Hund sich an Ihnen orientiert und immer wieder mal »vorbeischaut« für eine kurze Kontaktaufnahme. Um das zu erreichen, sind Richtungswechsel eine Methode mit meist schnellen Erfolgserlebnissen. Wichtig ist dabei, dass Sie souverän gehen und den Hund nicht rufen oder locken. Die Richtungswechsel vollzieht man möglichst unvorhersehbar für den Hund. Läuft er z. B. unaufmerksam voraus, drehen Sie um und gehen in die entgegengesetzte Richtung. Zieht er seitlich, bleiben Sie stehen, schauen aus den Augenwinkeln, wo er hinwill, und gehen dann zur anderen Seite. »Verpasst« der Hund einen Richtungswechsel, zieht ihn die Leine sanft mit (kein ruckartiges Anziehen). Mit der Zeit reagiert der Hund aufmerksamer auf Ihr Umherschreiten. Ein

4 Zum Spaziergang gehört öfter eine Kontaktaufnahme: mal ein Blick, mal ein Vorbeischauen. Dies anfangs belohnen, später nur noch ab und zu.

Etappenziel ist erreicht, sobald der Hund während einer Trainingseinheit Kontakt mit Ihnen aufnimmt, wie im Bild 3 zu sehen. Sobald Ihr Hund nahe bei Ihnen ist, loben und belohnen Sie ihn dafür aus der leinenfreien Hand (→ Bild 4). Noch während er das Leckerli verspeist, gehen Sie ruhig weiter und wechseln erneut die Richtungen, sobald der Hund wieder »sein Ding« macht. Orientiert er sich an Ihnen und kommt vorbei, gibt es wieder eine Belohnung.

5 Sobald es mit dem Folgen beim Richtungswechsel gut klappt, kann man die Schleppleine aus der Hand gleiten lassen und dem Hund (an der Schleppleine) Freilauf erlauben. Doch wenn Sie merken, dass er unkonzentriert wird, seinen Radius deutlich vergrößert und nicht mehr vorbeischaut, entziehen Sie ihm das Privileg Freilauf wieder. Dafür nehmen Sie ihn an die Leine am Halsband; für ihn das Signal »Schluss mit Freilauf«. Geht er gut an der Leine, können Sie eine weitere Runde Schleppleinentraining beginnen: Zunächst noch einmal an drei bis vier Metern Länge mit Richtungswechseln, wenn das gut läuft an der gesamten Schleppleinenlänge, und dann lassen Sie die Leine wieder aus der Hand gleiten.

WIE VIEL FREILAUF?

Von den täglichen Spaziergängen sollte einer so lang sein, dass Sie Ihrem (erwachsenen) Hund dabei wenigstens eine halbe bis eine Stunde Freilauf ermöglichen können. Bei »Regelverstößen« das Privileg für einige Minuten entziehen – und gegebenenfalls mit Schleppleine trainieren.

Ein kritischer Punkt für Meinungsverschiedenheiten über die Wunschrichtung ist oft ein Gebüsch. Der Hund darf gern am Rand herumschnüffeln, mit ein, zwei Schrittchen hinein – aber nicht tiefer als im Bild 5 gezeigt. Wenn Sie erkennen, dass Ihr Hund weitere Schritte plant, geben Sie ein akustisches Signal, z. B. »Raus«. Reagiert er darauf nicht (oder geht weiter ins Gebüsch), treten Sie auf die Schleppleine. Wenn er nun herauskommt, nehmen Sie das kommentarlos hin. Würden Sie ihn jetzt belohnen, wäre es für ihn bald eine lukrative Angelegenheit, mal eben schnell

5

»Randschnuppern« ist erlaubt. Die Schleppleine unterstützt ein akustisches »Raus«: Bei null Reaktion drauftreten!

ins Gebüsch zu verschwinden und fürs Rauskommen eine Leckerei einzustecken. Kommt der Hund nicht von allein heraus, gehen Sie zu ihm hin und leinen ihn am Halsband an. Das ist wiederum ein Privilegentzug und auch so gemeint: Der Freilauf ist damit erst einmal beendet. Das Gebüsch-Verbot hat im Übrigen handfeste Gründe: Der Hund entzieht sich damit Ihrer Kontrolle, nimmt leichter eine Fährte auf und könnte zu jagen beginnen. Oder er findet dort – für Ihren Geschmack – recht unangenehme Dinge herumliegen.

STRESSFREI DURCH JEDE STADTSITUATION

Den freundlichen City-Guide immer dabei – für Ihren Vierbeiner ist das die allerbeste Stadtsituation. Sie haben also einen wichtigen Job, wenn Sie gemeinsam unterwegs sind: Unbekanntes erklären mittels Training. Ein Zuviel vermeiden: Mach' mal Pause. Wunschziele entdecken: Hallo, Stadtpark! Ihr Honorar: Ein gelassener und kooperativer Hund an Ihrer Seite.

MIT DEM CITY-DOG AUF ENTDECKUNGSTOUR

Wer noch nicht oft mit Hund in der City unterwegs war, wird sich wundern – was da alles zu einem Problem werden kann! Rolltreppen, Drehtüren, Lift, Baustelle ... Gewusst wie: Die Übungen ab Seite 42 navigieren Sie sicher durch den Stadtdschungel.

Genau das lieben wir eigentlich an der Stadt: Immer was los! Ob Sie sich dabei allerdings vorgestellt haben, mitten im Feierabendverkehr den letzten Stehplatz in der Straßenbahn zu ergattern, mit dem Hund an der Leine ... Aber es nützt nichts: Mit einem Vierbeiner unterwegs, zeigt sich die City eben noch einmal in einem ganz anderen Licht. Das bedeutet auch für Sie, auf Entdeckungstour zu gehen.

MIT DEM HUND DURCH DICK UND DÜNN

Rolltreppen können Sie an sich nicht aus der Ruhe bringen. Aber mit einem 20-Kilo-Hund? Runter zur S-Bahn führt ganz sicher auch ein Lift. Wunderbar, wenn jetzt ein kurzes »Hinter mir« (→ Seite 57) genügt und der Vierbeiner auch in einer Traube aus Kinderwägen, Eltern mit Kleinkind, Handicap-Personen – und womöglich einem anderen Hund – sicher in den Fahrstuhl hineingeht. Das gleiche Signal hilft durch den schmalen Gang eines Baugerüsts: Ihr Vierbeiner läuft die paar Meter trotz Personen-Gegenverkehrs in aller Ruhe im Schutze Ihres Rückens mit. Ist Ihr Hund tragbar, dann bringen Sie ihm bei, auf ein Wort hin auf Ihren Arm zu springen (→ Seite 55) – und die Rolltreppe bringt Sie beide sicher rauf und runter. Vielleicht sind Sie ohne Vierbeiner kein regelmäßiger Stadtparkbesucher. Mit Ihrem Hund werden solche

Stadtoasen sicher bald bevorzugte Punkte in Ihrer ganz persönlichen City-Map. Denn wenn Sie länger unterwegs sind, sind Pausen ein Muss. Einem erwachsenen Hund kann man eine halbe bis eine Stunde konzentriertes »Bei mir«-Gehen schon mal zumuten, wenn er es gelernt hat (→ Seite 28). Doch das hängt auch von seiner Tagesform ab. Jüngere Hunde und Stadtneulinge brauchen auf jeden Fall kürzere Intervalle von konzentriertem Mitgehen und kleinen Pausen. Ein paar Minuten entspanntes Schnüffeln an lockerer Leine (→ Seite 33) schalten Sie am besten immer dann zwischen, wenn Sie erste Vorboten von Stress (→ Info, unten) an Ihrem Stadtbegleiter wahrnehmen. Was voraussetzt, dass Sie stets auch ein

> ### DAS WIRD MIR JETZT ZU VIEL ...
>
> Wann für einen Hund der Stress beginnt, ist von vielen Faktoren abhängig. Man sollte sich auch nicht zu sehr auf die Erfahrungen verlassen, nach dem Motto: »Oh, das ist Stress für ihn, das kenne ich schon!« Mit so einer Vorannahme kann man das entsprechende Verhalten sogar unbewusst auslösen. Besser, Sie schärfen Ihren Blick für seine Körpersprache. Typische Vorboten sind:
> - Der Hund wirkt fahrig und nervös.
> - Er schaut öfter weg.
> - Es fällt ihm schwer, an lockerer Leine zu gehen, obwohl es vorher gut geklappt hat.
> - Einfache Übungen führt er eher nachlässig aus, macht »Flüchtigkeitsfehler«.
>
> Dann sollten Sie die Übung kommentarlos beenden und eine Ruhepause einlegen.

Auge auf Ihren Hund haben. Denn neben so manch brenzliger Situation gibt es natürlich auch Verlockungen. Mit »No Streetfood« (→ Seite 60) wird Ihr Hund zum verlässlichen Verweigerer von Weggeworfenem, was seinen Magen und Ihre Nerven schont.

GAR NIX BESONDERES ...

Für viele Hundebesitzer bedeutet es eine gewisse Aufregung, mit dem Hund in die Stadt aufzubrechen. Vielleicht, weil ein gemeinsamer City-Ausflug eher selten ist, weil der Vierbeiner noch einige Unsicherheiten zeigt oder gar weil sie wissen, wo es hakt – und

Die Hündin läuft auf der abgewandten Seite (→ Seite 31). Und schon macht die Litfaßsäule keine Angst mehr.

Komplikationen mit Unbehagen entgegensehen. Mit regelmäßigem Stadttraining lässt sich dieser Stress reduzieren. Denn es bringt nicht nur Ihrem Hund allmählich immer mehr Routine, sondern hilft auch Ihnen, in schwierigeren Situationen einen klaren Kopf zu behalten und richtig zu reagieren. Ihr Verhalten entscheidet wesentlich darüber, ob Ihr Vierbeiner ein

> **KOMMST DU MIT?**
>
> Hunde lernen voneinander. Falls Ihr Vierbeiner einen Hundekumpel hat, der in der Stadt völlig cool bleibt, laden Sie ihn ruhig öfter mal auf einen gemeinsamen Kurztrip ein. Doch Vorsicht: Muten Sie dem Gelassenheits-Coach nicht zu viel zu!

souveräner City-Dog wird. Das beginnt bereits, bevor Sie beide das Straßenpflaster überhaupt betreten haben, also noch zu Hause. Wenn Sie Ihre Anspannung in einer Art erweitertem Selbstgespräch dem Hund, wenn auch unbeabsichtigt, vermitteln – »So, jetzt fahren wir gleich in die Stadt, das wird bestimmt schön heute!« oder »Ja, du darfst ja mit, heute geht es in die Stadt!« – dann beginnt es in Ihrem Hund schon zu rumoren: »Oh, was ist los, ich spüre Unruhe ...« Auch wenn es schwerfällt: Erinnern Sie sich an Ihre souveräne Vorbildrolle – und spielen Sie diese zumindest gekonnt. Also ohne Hektik alles vorbereiten, was Sie für die Stadt brauchen, keinen Kommentar in Richtung Hund, »business as usual« – und schon sind Sie beide ruhig und entspannt unterwegs.

Bei der Frage, ob oder wie viel Stress ein Hund hat, spielen viele Faktoren eine Rolle – sein Lebensalter, die Rasse bzw. der Rasse-Mix, seine Vorgeschichte, sein Trainingsstatus. Doch je sicherer und gelassener Sie auf ihn wirken, desto eher ist er in der Lage, eigene Anpassungsstrategien, die er bereits kennt, tatsächlich anzuwenden. Hunde, auch schon Welpen, nehmen die kleinsten Körpersignale wahr, sie erkennen feinste Unterschiede in unserer Stimme, sie »spiegeln« uns. Wer sich das bewusst macht und das eigene Verhalten entsprechend steuert, hat beste Chancen, dem Hund zu vermitteln: Ich bin ruhig, ich habe alles im Griff – kein Grund, sich zu fürchten.

VOM PROFI ERKLÄRT

Den wichtigsten Part haben also wieder einmal Sie. Das gilt auch für das Trainingsprogramm, das Sie für Ihren Hund zusammenstellen. Es sollte so genau wie möglich auf ihn zugeschnitten sein und bei Bedarf sensibel angepasst werden. Das erfordert anfangs vielleicht tatsächlich etwas Geduld, z. B. wenn Sie einen Kurztrip nur deshalb unternehmen, um den Hund mit der U-Bahn vertraut zu machen. Je nach Situation – Welpe, besonders ängstlicher Hund, Hund mit unbekannter Vorgeschichte – kann es sinnvoll sein, einen Teil des Trainings, gerade zu Beginn, mit professioneller Unterstützung auszuprobieren. Wenn Sie nicht immer mittendrin sind im Geschehen und eine/n erfahrene Hundetrainer/in an Ihrer Seite wissen, nehmen Sie das Verhalten Ihres Hundes womöglich

Die Besitzerin »splittet« rechtzeitig, bringt sich also zwischen Sport-Kid und Hund. Das ist für alle Beteiligten stressfreier.

ER PACKT'S ... DOCH NOCH

Geben Sie nicht zu schnell auf: Jeder Hund kann gelassener werden. Er braucht dafür Zeit und Ihr Einfühlungsvermögen. Sie machen zwar aus einem Windhund keinen Bernhardiner. Aber Entspannung ist vor allem Trainingssache, z. B. mit der Übung »Einfach mal nix tun« (→ Seite 48). Dranbleiben lohnt sich!

genauer wahr und lernen, es richtig zu interpretieren. Vielleicht haben Sie ja das Gefühl, Ihr Hund sei grundsätzlich kein Stadttyp, weil er immer so unlustig hinter Ihnen herschlurft (was auf Dauer anstrengend ist)? Ein Trainer erkennt darin möglicherweise ein

unbewusst anerzogenes Verhalten: weil man dem Hund Aufmerksamkeit gibt, wenn er zögert, oder weil man ihn ungeduldig anspricht, was für ihn nicht verständlich ist und zu noch mehr Meideverhalten führt (langsam gehen, hinter dem Besitzer zurückbleiben). Zudem verstehen Sie dann auch besser, warum ein einfaches und bereits erlerntes »Sitz« oder »Platz« noch einmal zu einer Unterrichtsstunde in der Stadt gehören kann – und freuen sich über jeden Fortschritt bei Ihrem gemeinsamen City-Training!

ÜBUNG 6
»SITZ, PLATZ«

»Sitz« und »Platz« gehören wohl zu den häufigsten Kommandos, die wir einsetzen. Einfach sind sie deshalb noch lange nicht: In ablenkungsreicher oder gar stressiger Umgebung stellen sie eine Herausforderung für den Vierbeiner dar. Deshalb sollte beides zunächst in ruhiger Atmosphäre geübt werden und erst allmählich mit immer mehr Drumherum – bis Sie schließlich auch in der Stadt trainieren können.

1 Falls Ihr Hund das »Sitz« noch nicht beherrscht, üben Sie zunächst den Bewegungsablauf (→ Bild 1), ohne akustisches Signal. Gehen Sie vor Ihrem Hund in die Hocke. Führen Sie ihn mit einem Leckerli direkt an seiner Nase leicht nach hinten oben. Ihr Hund soll dem Leckerli folgen und sich damit automatisch auf seinen Hundepo setzen. **In diesem Moment** gibt es sofort ein Lob und das Leckerli als Belohnung. Sobald Ihr Hund den Bewegungsablauf beherrscht (Bodenkontakt), nehmen Sie ein visuelles Signal dazu, z. B. einen gestreckten Zeigefinger. Sie sind noch immer in der Hocke. Der Hund wird den Bewegungsablauf bald mit dem visuellen Signal verknüpfen. Das Auflösungssignal nicht vergessen (→ Tipp, Seite 46)! Üben Sie nicht öfter als zwei- bis dreimal hintereinander und maximal dreimal am Tag.

2 Hat der Hund verstanden, worum es geht, wechseln Sie von der Hocke in die aufrechte Position. Dabei nicht nach vorn über den Hund beugen. Nun geben Sie das visuelle Signal aufrecht stehend (→ Bild 2). Sobald der Hund richtig sitzt, gibt es eine Belohnung. Heben Sie das Kommando mit Ihrem Auflösungssignal wieder auf. Dann kommt das akustische Signal dazu. Die Regel lautet: Neues vor Altem, im Abstand von ein bis zwei Sekunden. Sie sagen also »Sitz« und geben gleich darauf das visuelle Signal. Setzt sich der Hund, gibt es eine Belohnung. Wenn dieser Ablauf gefestigt ist, verlegen Sie die nächsten Übungseinheiten nach und nach an verschiedene Orte, mit steigendem Schwierigkeitsgrad. Zugleich lassen Sie an »einfachen« Stellen die Futterbelohnung allmählich weg. Ein stimmliches Lob gibt es immer.

3 Anschließend lernt der Hund das »Sitz« an Ihrer Seite. Eng am Bein sitzend, ist der Vierbeiner niemandem im Weg und zieht oder zappelt nicht an der Leine. Zunächst führen Sie den Hund mit einem Leckerli an der Nase in einem leichten Bogen ruhig nach hinten (→ Bild 3). Dort angekommen, führen Sie ihn in einem größeren Bogen so weit hinter Ihre Beine, dass er sich dort gut drehen kann, um schließlich parallel zu Ihren Beinen mit der Nase vorn anzukommen. Ist das geschafft, gibt es die Belohnung.

4 Hat Ihr Hund den Bewegungsablauf verstanden, kann man ihn, an der Seite, mit einem weiteren Leckerli langsam über die Nase nach oben hinten in die Sitzposition lenken. Führt man das Leckerli zu schnell

Zu Beginn den Bewegungsablauf
üben: Leckerli dicht an der Hundenase langsam nach oben führen.

3 Mit einem Leckerli an
die Seite geführt, ...

2 Die aufrechte Körperhaltung und das
klare Handzeichen zeigen
die Sitzübung an.

Für das Trainieren von »Platz« sind Zwischenschritte nötig, damit der Hund versteht, was zu tun ist.

... um eng neben Frauchen in die Sitzposition zu gelangen, braucht etwas Übung.

oder gibt nur das akustische Signal, dreht der Hund den Po womöglich nach außen und sitzt schräg neben Ihnen. Doch wirklich sicher ist er erst eng und gerade an Ihrer Seite (→ Bild 4). Sobald das mit Leckerli verlässlich klappt, führen Sie ihn nur mit der Hand in die korrekte Sitzposition und belohnen ihn aus der anderen Hand. Nach und nach wird die Handbewegung, mit der Sie den Hund führen, immer kleiner, bis sie nur noch einen kleinen Kreis andeutet. Das versteht Ihr Hund schließlich als Signal für das korrekte Sitzen an Ihrer Seite. Auch später immer loben und ab und an belohnen, wenn die Übung klappt.

5 »Platz« wird aus dem Sitz heraus geübt. Gehen Sie anfangs wieder in die Hocke, und führen Sie ein Leckerli an der Hundenase vorbei Richtung Boden.

Berühren die Ellenbogen den Boden und der Hundepo bleibt unten, gibt es die Belohnung. Lösen Sie dann die Übung auf (→ Seite 46). Hat der Hund den Bewegungsablauf verstanden, führen Sie das visuelle Signal dazu ein. Hierfür das Leckerli beispielsweise zwischen die Finger klemmen und den Hund mit flach ausgestreckter Hand nach unten lenken. Klappt das, erhält er das Leckerli nicht mehr aus der Führhand sondern aus der anderen. Gelingt auch dies, geht die Führhand immer weniger deutlich nach unten, aber doch so weit, dass der Hund das Signal als »Platz«-Übung begreift. Geht er in die gewünschte Position, gibt es immer eine Belohnung. Dann das visuelle Signal im Stehen üben (→ Bild 5). Wenn auch das sicher klappt, führen Sie das Hörzeichen ein, indem Sie kurz vor dem visuellen Signal sagen: »Platz!«

ÜBUNG 7
»BLEIB«

Im Bus wollen Sie jemandem beim Einsteigen helfen. In der Umkleidekabine haben Sie etwas anprobiert, brauchen aber eine andere Größe. Beim Freilauf im Stadtpark gilt es, die Kollision mit einem Radler zu verhindern. Der Hund soll jedes Mal genau da bleiben, wo er gerade ist, bis Sie wieder auflösen. Wählen Sie ein Signalwort: »Bleib«, »Halt« oder »Stopp«.

Sie selbst bleiben **nicht** stehen, sondern gehen einen Schritt weiter. Schauen Sie sich nicht nach Ihrem Hund um, sondern nehmen Sie seine Reaktion aus den Augenwinkeln wahr. Setzt er eine Pfote über die Barriere, drehen Sie sich **sofort** zu ihm um, geben ein visuelles »Bleib«-Signal - z. B. die ausgestreckte Handfläche (→ Bild 1) - und gehen entschlossen einen Schritt auf ihn zu, bis beide Pfoten wieder hinter der Barriere stehen. Dafür loben und belohnen. Dann gehen Sie ein, zwei Schritte weg, warten einen Blickkontakt ab und lösen die Übung auf (→ Seite 46).

2 Bleibt er auf Anhieb stehen (→ Bild 2), dann sofort loben und belohnen. Wenn das »Bleib« mehrere Tage gut geklappt hat, erhöhen Sie die Distanz. Sie gehen

1 *Sorry, Übertritt. Klare Signale bringen die Hündin wieder hinter die Barriere.*

1 Für den Anfang legen Sie als Hilfestellung eine Barriere auf den Boden, z. B. eine zweite Leine. Nun gehen Sie mit dem Hund an lockerer Leine ruhig darauf zu. Kurz vorher sagen Sie Ihr Signal - »Bleib«.

2 *So ist es richtig. Die Besitzerin kann sicher sein, dass ihre Hündin auf das akustische »Bleib«-Signal hin sofort stehen bleibt.*

einen halben, dann einen, dann anderthalb, dann zwei … Schritte weiter weg und reagieren immer sofort wie beschrieben, sobald eine Pfote die Barriere überschreitet. Gelingt die Übung mit Distanzvergrößerung, erhöhen Sie den Schwierigkeitsgrad bei anfangs wieder geringem Abstand: Mal gehen Sie in die Hocke, mal hüpfen Sie in die Luft, dann geben Sie vor, etwas vom Boden aufzuheben, joggen vom Hund weg etc. Wichtig: Immer **sofort** reagieren, wenn er das »Bleib« nicht einhält. Irgendwann lassen Sie die künstliche Barriere weg. Doch es bleibt wichtig, dass der Hund **exakt in dem Moment** verharrt, da Sie das Hörzeichen geben. Bitte nie vergessen, das »Bleib«-Signal wieder aufzulösen.

3 An der Straße hat der Hund zu verstehen, dass der Randstein eine unüberwindbare Barriere ist. Er soll automatisch stehen bleiben, Ihnen einen Blickkontakt geben – und erst dann mit Ihnen über die Straße gehen, wenn Sie auflösen. Üben Sie an einer verkehrsarmen Stelle. Anfangs verwenden Sie Ihr »Bleib«-Signal (→ Bild 3), später arbeiten Sie ohne Signal, damit der Randstein die markante Grenze wird. Gehen Sie mit lockerer Leine an die Straße heran, kurz vor dem Randstein geben Sie das »Bleib«-Signal – klappt das, loben und belohnen Sie Ihren Vierbeiner. Nach einem Blickkontakt lösen Sie das Kommando auf und gehen gemeinsam zur anderen Seite. Oder so: Der Hund bleibt auf Ihr Signal hin am Randstein stehen, Sie gehen – ohne aufzulösen – ein, zwei Schritte auf die Straße. Bei dem kleinsten Anzeichen, dass Ihr Hund Ihnen folgen will, geben Sie akustisch und visuell das Signal. Bei gutem Verhalten loben und belohnen Sie und lösen das Kommando auf. Daraufhin darf er Ihnen über die Straße folgen. Klappt das gut, versuchen Sie das Ganze ohne akustisches und nur mit dem Randstein als visuelles Signal. Beim geringsten Anzeichen des Hundes, die Straße selbstständig zu betreten, korrigieren Sie wie beschrieben.

4 Sie wollen Ihren Hund auf dem Weg zu Ihnen stoppen? Lassen Sie ihn »Sitz« machen, und rufen Sie ihn dann zu sich. Anfangs geben Sie schon nach etwa einem Meter das »Bleib«-Signal, akustisch und visuell (→ Bild 4). Dabei aufrecht stehen bleiben, nicht nach vorne beugen! Bleibt der Hund, wird er belohnt. Nach Blickkontakt auflösen. Bleibt er nicht, war die Distanz noch zu groß. Üben Sie dann mit weniger Abstand; diesen erst erhöhen, wenn das »Bleib« zuvor sicher klappt. Ein- bis zweimal Trainieren pro Tag genügt.

5 Nun soll der Hund gestoppt werden, wenn er **vor** Ihnen läuft. Kleine Distanz, Sie sagen »Bleib«. Der Hund darf sich umdrehen, auch hinsetzen, muss aber genau dort bleiben, wo Ihr Signal ihn »erwischt« hat (→ Bild 5). Bleibt er, wird er gelobt und belohnt; nach Blickkontakt das Kommando auflösen. Sobald er die Übung auf kleine Distanz zuverlässig ausführt, können Sie die Abstände langsam vergrößern.

AUFLÖSUNGSSIGNAL

Es beendet jedes Kommando und ist wichtig. Sie kombinieren dafür ein akustisches (»Weiter«, »Jetzt«, »Los«) mit einem körpersprachlichen Signal. Das kann z. B. ein Schritt zur Seite sein und dazu eine freigebende Handbewegung. Ihr Blick bewegt sich vom Hund in die Hand-Zeigerichtung. Das Auflösen ist an sich schon belohnend genug und braucht daher kein Leckerli.

 3

Den Hund an jedem Randstein anhalten lassen, das erhöht die Sicherheit im Straßenverkehr.

4 Zunächst mit kurzer Distanz: Die Hündin hält auf dem Weg zur Besitzerin zuverlässig an.

5 Gestoppt: Ein Blick zurück ist erlaubt.

ÜBUNG 8
»WARTE«

Vielen Hunden fällt es schwer, einfach mal nichts zu tun. Doch das gehört dazu, z. B. wenn Sie irgendwo anstehen, sich unterhalten, im Restaurant sind etc. Signal dafür ist das Auf-der-Leine-Stehen (→ Bild 1). Und es ist eine gute Vorbereitung auf das »Warten in Entfernung«, also beispielsweise vor einem Spielplatz. Wichtig dabei: Lassen Sie Ihren Hund nirgendwo warten, wo Sie ihn nicht im Blick haben!

1 Sie halten das Ende einer ca. zwei Meter langen Leine in der Hand. Mit dem Fuß stellen Sie sich so darauf, dass der Hund gut aufrecht stehen oder sitzen kann. Die Leine hängt dabei leicht durch, ohne ihm zu viel Bewegungsfreiraum zu lassen. Beachten Sie Ihren

Wichtig für den Alltag und zugleich sehr schwierig: Nichtstun und Entspannen. Das Auf-der-Leine-stehen wird zum klaren Signal für den Hund.

Hund nicht, außer er bellt jemanden an. Dann nur die Distanz zur jeweiligen Person vergrößern. Wenn er Sie anbellt, bleiben Sie auf der Leine stehen und ignorieren ihn. Anfangs in reizarmer Umgebung üben.

2 Sobald der Hund sich ruhig verhält, belohnen Sie ihn ohne überschwängliches Loben. Er darf stehen, sitzen oder liegen, Hauptsache: entspannt (→ Bild 2).

3 Befestigen Sie die Leine an einem sicheren Gegenstand, z. B. an einem Pfosten. An dieser Stelle führen Sie Ihr akustisches Signal ein, z. B. »Warte«. Dann gehen Sie einen halben Meter weg und stellen sich mit dem Rücken zum Hund. Falls er anfängt, zu bellen oder zu winseln, und sich nicht beruhigen kann, ist die Distanz noch zu groß. Verringern Sie darum den Abstand zu Ihrem Vierbeiner, bis er entspannt warten kann. Hierzu gehen Sie ein Stück zu dem angebundenen Hund zurück, ohne ihn dabei jedoch zu beachten; dann stellen Sie sich wieder mit dem Rücken zu ihm (→ Bild 3). Dieses Prinzip ist so einfach wie wirksam: Ohne auf sein Bellen einzugehen, stellen Sie mit der Distanzverringerung eine Trennungssituation her, die er aushält.

4 Wenn er sich hinsetzt oder -legt (→ Bild 4), warten Sie ca. 30 Sekunden und gehen dann ruhig zu ihm zurück. Ohne ihn zu beachten, lösen Sie die Leine vom Pfosten und geben beiläufig das Auflösungssignal.

Für Aufmerksamkeit forderndes Verhalten wird der Hund ignoriert, bei Entspannung hingegen belohnt.

3 *Angebunden in Distanz warten, auch das muss der Hund erst mit Ihrer Hilfe lernen.*

4 *Wartet er entspannt, kehren Sie ruhig zurück.*

ÜBUNG 9
»SCHAU MICH AN«

Diese Übung ist eigentlich eine Strategie: Ihr Hund soll seine Aufmerksamkeit voll und ganz auf Sie richten. Denn dann kann er sich nicht mehr einem Objekt zuwenden, vor dem er Angst hat, auf das er aggressiv reagiert oder das er gern jagen würde. Andererseits lässt sich dadurch auch seine Konzentration fördern, z. B., wenn Sie mit ihm etwas üben wollen und er mit den »Gedanken« ganz woanders ist. Wichtig beim Anti-Angst-, Anti-Jagd- oder Anti-Aggressionstraining: Die Strategie macht nur in einer Phase Sinn, da der Hund das jeweilige Verhalten noch nicht

JE NACH BLICKWINKEL

Wölfe fassen den direkten Blickkontakt als Bedrohung auf. Unsere Haushunde haben diese Empfindung im Zusammenleben mit uns verloren. Sie suchen unseren Blick sogar und können ihn interpretieren. Dennoch gibt es Rassen oder menschenscheue Hunde, die das nicht mögen. Deshalb sollte man einen fremden Hund nie direkt anschauen. Auch beim eigenen Vierbeiner kann ein Fixieren wie ein Stopp-Signal wirken. Soll er z. B. ein Spielzeug aufheben und Sie starren ihn dabei an, so sagt Ihr Blick eher »Lass das - meins«. Schauen Sie freundlich auf das Objekt, folgt Ihr Hund dem Blick und versteht, worum es Ihnen wirklich geht.

komplett an den Tag legt, sondern erst den Ansatz dazu zeigt. Beispielsweise, indem er das entsprechende Objekt »anzustarren« beginnt. Trainieren Sie die Aufmerksamkeitsübung erst einmal »trocken«, also ohne dass die Situation konkret gegeben ist. So begreift Ihr Hund, was Sie eigentlich von ihm wollen.

1 Der Hund ist offenkundig an etwas anderem interessiert oder abgelenkt - sei es durch etwas, was ihm Angst macht, oder durch ein potenzielles Jagdobjekt (Taube). Vielleicht nimmt er auch einfach nur einen anderen Hund wahr und bekommt Stress (→ Bild 1).

2 Sprechen Sie den Hund nicht an, sondern gehen Sie mit der Leine in der Hand ruhig einige Schritte rückwärts (→ Bild 2). Haben Sie dabei auch Ihre eigene Sicherheit im Blick! Hinter dem Rücken halten Sie in einer Hand ein Leckerli bereit.

3 Sobald Ihr Vierbeiner sich umdreht und schaut, bekommt er ein Lob und eine Belohnung (→ Bild 3). Besonders hilfreich ist die Übung beispielsweise, wenn Stress mit anderen Hunden angesagt ist. Hat Ihr Vierbeiner also einen Kollegen entdeckt und Sie machen diese Aufmerksamkeitsübung, so bekommt Ihr Hund das erste Lob und Leckerli schon für das Umdrehen in Ihre Richtung, das zweite für einen Blickkontakt mit Ihnen. Später gibt es die Belohnung dann nur noch für den direkten Blickkontakt.

Ein Hund kann von sehr vielem abgelenkt werden. Dann hilft diese Aufmerksamkeitsübung.

2 Beim Rückwärtsgehen nehmen Sie den Hund mit. Irgendwann reagiert er aufmerksam.

3 Für den Blickkontakt gibt es Lob und Belohnung.

Diese Übung muss man unter Umständen **langsam aufbauen**, z. B. wenn es dem Hund schwerfällt, seinem Menschen direkt in die Augen zu schauen. Das kann rasse- oder typbedingt durchaus der Fall sein (→ Info, Seite 50). Gerade dann ist

BESSER OHNE

Die Sonne knallt, da ist die Sonnenbrille einfach naheliegend. Doch zum Training sollte man sie besser in die Stirn schieben, zumindest für die Dauer der Übung. Denn der Hund hat ja gerade gelernt, dass er mit uns über den Blickkontakt kommunizieren soll. Kann er unsere Augen nicht erkennen (oder nur schlecht), erschweren wir ein wichtiges Kommunikationsmittel. Übrigens: Einige Parfums können auf Hunde abwehrend wirken und so die Aufmerksamkeitsübung beeinträchtigen. In einem Rüdenfernhaltespray (für läufige Hündinnen) ist z. B. Geraniol enthalten, das auch in vielen Düften und ätherischen Ölen verwendet wird.

die Aufmerksamkeitsübung ideal, um den Blickkontakt sanft, aber zuverlässig zu trainieren. Ihr Hund ist an der Leine. Sie halten die Leine in der einen Hand, in der anderen hinter Ihrem Rücken haben Sie vier bis fünf Leckerlis. Nun gehen Sie ruhig rückwärts und dabei immer entgegengesetzt zu der Richtung, die Ihr Hund wählt. Sie sprechen Ihren Vierbeiner dabei nicht an. Ganz allmählich wird er begreifen, was Sie von ihm wollen. Das erkennen Sie daran, dass er irgendwann anfängt, an lockerer Leine in Ihre Richtung mitzugehen, und dass er halbhoch (etwa auf Ihre Brusthöhe) blickt. Dafür gibt es anfangs auch prompt eine Belohnung.

Insgesamt wollen Sie aber erreichen, dass der Hund Ihnen einen direkten Blickkontakt gibt und dabei wirklich in Ihre Augen schaut – und nicht etwa nur auf Ihren Arm, der demnächst die Leckerlis aushändigt. Sobald er Sie also direkt anblickt, bekommt er ein Lob und eine Futterbelohnung aus der Hand hinter dem Rücken. Wichtig: Sprechen Sie Ihren Hund auch wirklich nicht an, um ihn zu locken!

Läuft der Hund nicht freiwillig mit, wenn Sie rückwärtsgehen, dann dürfen Sie ihn sanft, aber bestimmt an der Leine »mitnehmen« (ohne Ruck). Für jeden Blickkontakt gibt es ein Leckerli.

Öfter mal als »Trockenübung« eingeschoben, lernen Sie, wie Sie sich richtig bewegen müssen, damit der Hund die Aufgabe gut ausführt. Wiederholen Sie die Aufmerksamkeitsübung maximal zwei- bis dreimal am Tag mit vier bis fünf Leckerli. Falls Sie die Strategie für mehr Konzentration im Training einsetzen wollen (z. B. um »Sitz« oder Ähnliches einzuüben), dann perfektionieren Sie zunächst einige Male die Aufmerksamkeitsübung ohne eine weitere Aufgabe. Erst wenn es mit dieser Strategie gut klappt und Sie schnell und verlässlich einen Blickkontakt bekommen, schließen Sie Ihr Training an.

ÜBUNG 10
»PARKEN ZWISCHEN DEN BEINEN«

Diese Übung werden Sie lieben: Überall, wo es eng wird oder wo zu viel um Sie herum passiert, können Sie Ihren Hund zwischen den Beinen »parken«. So ist er in Sicherheit und aus dem Weg. Auf Passanten wirkt diese schöne Übung beruhigend friedlich. Der Hund kann dabei »Sitz« oder »Platz« machen, je nach Größe und nach Situation. Ist der Vierbeiner extrem unsicher, sollte man die Übung erst dann trainieren, wenn er Vertrauen gefasst hat (→ Info unten).

1 Für das Üben steht Ihr Hund ruhig vor Ihnen. Sie haben sich überlegt, über welche Seite der Hund in

seinen »Parkplatz« schlüpfen soll. Denn so wird er zukünftig jedes Mal seinen Weg wählen. Ist es die rechte Seite, halten Sie ihm mit der rechten Hand ein Leckerli dicht an seine Nase (→ Bild 1).

Immer auf die gleiche Art und Weise üben: Von vorn, entspannt stehen und das Leckerli an die Hundenase.

2 Nun führen Sie ihn mittels Leckerli über Ihre rechte Seite nach hinten (→ Bild 2), bis er komplett hinter Ihnen steht. Achten Sie darauf, dass Sie mit der Führhand auf Nasenhöhe sind, damit Ihr Hund sich nicht recken oder einen kleinen Luftsprung machen muss. Steht er in gewünschter Position, reichen Sie das Leckerli aus der Führhand in die andere Hand und leiten ihn mit dieser zwischen Ihren Beinen hindurch nach vorn, jedoch nicht weiter als in Bild 3 gezeigt.

ICH MAG DAS NICHT

Nicht jeder Hund schätzt den engen Körperkontakt auf Anhieb. Unsichere Vierbeiner sollte man behutsam daran gewöhnen. Z. B. so: Ihr Hund liegt entspannt auf der Seite, Sie halten ihm ein Leckerli an die Nase und stellen sich so dicht zu ihm, wie es für ihn ersichtlich okay ist. Dann belohnen und wieder weggehen – und nach Blickkontakt auflösen (wichtig!). Nicht zu oft üben, die Nähe langsam steigern. Oder: Anfangs nur durch die Beine hindurchführen, ohne »parken«.

Ruhiges Führen mit Leckerli-Nasenkontakt. Hinter den Beinen wird die Hand gewechselt.

Zwischen den Beinen angekommen, gibt es die Belohnung. Zu Beginn fürs Stehen.

3 Steht der Hund ruhig zwischen den Beinen, bekommt er die Belohnung. Mit einem zweiten Leckerli vor der Hundenase steigt man nun vorsichtig von ihm weg. Dann belohnen. Sinn des Wegsteigens ist, dass der Hund seine »Parkposition« nicht selbstständig verlassen soll. Lösen Sie die Übung wie üblich auf.

Wenn der Hund den Bewegungsablauf sicher und stressfrei ausführt, lässt man ihn zwischen den Beinen in die gewünschte Position gehen. Dafür halten Sie ein Leckerli dicht an seine Nase. Für ein »Sitz« geht die Hand leicht nach oben hinten, für ein »Platz« führt man ihn zunächst in die »Sitz«- und von dort nach unten in die »Platz«-Position. Dabei kein akustisches Signal geben, denn daraufhin drehen sich die meisten Hunde aus der Position heraus vor den Besitzer. Führen Sie kommentarlos mit dem Leckerli. Hat der Hund dies verstanden, kann man einen Schritt weitergehen. Führen Sie ihn zwischen die Beine, und warten Sie ab, ob er von sich aus »Sitz« oder »Platz« macht (wie zuvor geübt). Das verdient eine Belohnung. Als weitere Steigerung können Sie das Führen mit der rechten Hand reduzieren. Der Hund soll schließlich nur noch auf ein kleines Handzeichen hin selbstständig die Position zwischen den Beinen aufsuchen. Hat er auch das gelernt, kommt das akustische Signal hinzu, z. B. »Parken«. Hier gilt wieder Neues vor Altem: Kurz vor dem Sichtzeichen bietet man das neue akustische Signal an. Nach einigen Wiederholungen überprüfen Sie, ob der Hund eine Verknüpfung hergestellt hat und allein auf das akustische Signal hin seinen »Parkplatz« aufsucht.

ÜBUNG 11
»IN DIE ARME«

Bei dieser Übung entscheiden Sie zunächst in eigener Sache: Ist es Ihren Bandscheiben zumutbar, den Hund zu tragen? Wenn ja, kann es mit Leichtgewichten (bis ca. 15 kg) sehr praktisch sein. Dafür nehmen Sie Ihren Vierbeiner geschickt hoch (→ Seite 56, Step 4), oder Sie lassen ihn in Ihre Arme springen.

1 Ihr Hund sollte engen Körperkontakt mögen. Probieren Sie das zunächst behutsam aus, evtl. müssen Sie vertrauensvolle Nähe erst aufbauen (→ Seite 53). Ist das kein Problem (mehr), bringen Sie Ihrem Hund

2 *Allmählich schließt sich der Kreis. Eine zweite Person kann den Hund motivieren.*

1 *Zur Vorbereitung lernt Ihr Hund, von hinten nach vorn über Ihren Arm zu springen.*

als Erstes bei, von hinten nach vorn über Ihren Arm zu springen. Dafür den Arm zu einem Baum hin ausstrecken. Mit einem Leckerli in der zweiten Hand animieren Sie den Hund, darüber zu hüpfen (→ Bild 1). Zögert er, halten Sie den Arm anfangs deutlich niedriger. Geht er drüber, nehmen Sie den Arm allmählich immer höher. Zwei-, dreimal am Tag üben genügt.

2 Als Nächstes soll der Hund einen Kreis durchspringen, den Sie nach und nach mit Ihren Armen formen. Fangen Sie so an: Einen Arm haben Sie am Baum-

Das Ziel: In aufrechter Haltung sicher aufgefangen. Der obere Arm greift unter den Hundepo.

So fühlt er sich sicher. Den Hund nie am Geschirr oder gar im Nackenfell anheben!

stamm, den anderen nehmen Sie als oberes Halbrund dazu. Aber immer nur so weit, wie sich der Hund dabei wohlfühlt (→ Bild 2). Vielleicht kann ja eine zweite Person den Hund zum Durchspringen animieren? Irgendwann ist der Armkreis am Baum geschlossen, und Ihr Hund springt sicher hindurch. Klappt das, führen Sie das akustische Signal ein: Kurz bevor er zum Sprung abhebt, sagen Sie z. B. »Arm«.

3 Dann nehmen Sie den Armkreis allmählich vom Baum weg und immer ein Stück höher, sobald der Hund alles korrekt ausführt. Für das In-die-Arme-springen wechseln Sie die Arme: Nun springt er **von vorn** über Ihren unteren Arm. Sie wenden sich dabei dem Hund leicht zu. Damit können Sie ihn gut auffangen und sich aufrichten (→ Bild 3).

4 Falls Ihr Hund zu groß oder zu schwer ist, nehmen Sie ihn besser sanft zu sich hoch. Dafür umfassen Sie mit einem Arm seinen Brustkorb, den anderen legen Sie in seine Kniebeugen. Dann anheben. Wenn der Hund das ruhig mitmacht (→ Bild 4), stellen Sie sich aufrecht (aus den Knien!). Reagiert er unruhig, heben Sie ihn anfangs immer nur ein kleines Stück an, warten, bis er nicht mehr zappelt, und setzen ihn dann ruhig wieder ab. Das ist wichtig, damit Sie ihn für das Zappeln nicht mit sofortigem Herunterlassen »belohnen«. Wird er ruhiger, können Sie immer weiter nach oben gehen. Im Stand verändern Sie evtl. noch die Position der Hände; viele Hunde legen die Vorderbeine gern über den Arm. Diese Übung braucht etwas Zeit, erzwingen Sie nichts. Weder Ihnen noch Ihrem Hund sollte dabei etwas wehtun oder bange werden.

ÜBUNG 12
»HINTER MIR«

Richtig praktisch, wenn es Treppen rauf und runter geht oder irgendwo eng wird. Um Verwechslungen mit dem »Parken« (→ Seite 53) zu vermeiden, kann man für diese Übung die andere Hand einsetzen.

1 Bringen Sie Ihrem Hund zunächst bei, Ihre Hand zu berühren: Sie haben ihn vor sich und blicken auf

1 Der Hund soll Ihre Hand berühren: Schauen Sie dabei die Hand, nicht den Hund an.

Ihre Hand. Sobald auch er Richtung Hand schaut oder diese gar berührt, folgt auf ein kurzes Lobwort, z. B. »Gut!«, innerhalb von einer Sekunde (!) ein Leckerli. Üben Sie solange, bis das verlässlich klappt.

2 Verlagern Sie Ihre Hand immer mehr Richtung Rücken, bis sie schließlich ganz dort angekommen ist, Ihr Hund zur Hand geht und sie berührt: Das verdient ein »Gut!« und ein Leckerli. Sobald der Hund die Hand hinter dem Rücken zuverlässig berührt, führen Sie das akustische Signal ein: Machen Sie die Übung zwei-, dreimal wie beschrieben. Beim nächsten Mal geben Sie, **kurz bevor** der Hund Richtung Hand losmaschiert, das Signal, z. B. »Hinter mir«. Ist er angekommen, gibt es wieder ein kurzes »Gut!« und sofort das Leckerli. Nun üben Sie, während Sie gehen und der Hund neben Ihnen läuft. Klappt auch das, zögern Sie das »Gut!« immer weiter hinaus, damit der Hund stets ein bisschen länger hinter Ihnen geht. Schließlich können Sie die Hand weglassen.

2 Ein akustisches Signal gibt es erst dann, wenn der Hund zuverlässig in die Position hinter dem Rücken geht und dort die Hand berührt.

NUR KEINE ANGST:
BEI MIR BIST DU SICHER!

In der Stadt unterwegs zu sein mit einem Hund, der vor allem Möglichen zurückschreckt oder gar aggressiv reagiert, bedeutet Stress. Zeigen Sie ihm, dass es auch anders geht.

Statt Angstsituation: An lockerer Leine den kleinen Umweg gehen. Eine Alternative zur Drehtür gibt es immer.

Ein unsicherer oder ängstlicher Hund muss nicht zwangsläufig schlechte Erfahrungen gemacht haben. Entscheidend für sein Nervenkostüm ist, ob er in den ersten Lebensmonaten viele verschiedene Erfahrungen auf gute Art sammeln konnte – oder eben nicht. In dem knappen Zeitfenster der Sozialisation, etwa bis zur 16. Lebenswoche (das kann von Rasse zu Rasse geringfügig variieren), ist das Gehirn des Welpen extrem aufnahmefähig und formbar. Lernt er »fleißig« unter souveräner Anleitung von Mutterhündin, Züchter und Besitzer, dann bilden sich deutlich mehr Vernetzungen in seinem Hirn aus als bei einem Welpen, der eher isoliert und reizarm gehalten wurde. Der eine kann deshalb später besser generalisieren, d.h., er hat für neue Erfahrungen ein großes Verhaltensrepertoire abrufbereit. Der andere besitzt dieses Know-how nicht; er greift deshalb öfter auf die drei genetisch tief verankerten Reaktionsmuster Flucht, Erstarren oder Angriff zurück.

NICHT TRÖSTEN, NICHT TADELN

Das bedeutet aber nicht, dass ein weniger gut oder schlecht sozialisierter Hund nicht mit der Zeit souveräner werden kann. Denn zum Glück hat er ja Sie! Ihr Vorbild hat einen starken Einfluss auf sein Verhalten.

Frauchen bleibt total entspannt, wie beruhigend! Dann kann der glatte Boden wohl nicht so gefährlich sein ...

rechtzeitig zu splitten (→ Seite 31) und/oder einen Bogen zu gehen (→ Seite 74). Hinstarren verstärkt die Angst, das sollten Sie deshalb weder sich selbst noch Ihrem Vierbeiner »erlauben« - nehmen Sie ihn notfalls aus der jeweiligen Situation heraus.

Grundsätzlich ist Ruhe bewahren angesagt, darum auch in ungemütlichen Situationen nicht laut, heftig oder selber panisch reagieren. Wenn Sie selber auch nicht so ganz stressfest sind, bringt es etwas, sich diese Gelassenheit vor jeder City-Tour noch einmal bewusst ins Gedächtnis zu rufen.

Mit den Übungen in diesem Buch erweitern Sie das Verhaltensrepertoire Ihres Vierbeiners bei überlegtem und angemessenem Training enorm. Und auch ein Hund, der anfangs nicht viel lernen durfte, kann später noch vieles nachholen - und ein vielleicht nicht immer angstfreier, aber doch vertrauensvoller Begleiter in jeder Lebenslage werden.

Das gilt besonders in Situationen, die Ihren Vierbeiner verunsichern oder gar ängstigen. Die meisten Menschen reagieren darauf spontan mit Trost. Doch mit gut gemeinten Worten oder gar Streicheln, auf den Schoß nehmen etc. bestätigen Sie den Hund noch darin, dass etwas beunruhigend ist. Sonst würden Sie ihn ja nicht besänftigen, so seine Logik.

Allerdings ist es auch nicht richtig, den Hund mit sanfter Gewalt durch eine Angst machende Situation zu ziehen, sei es, weil er sich weigert, ein Hindernis auf dem Fußweg zu passieren, oder nicht über einen glatten Boden gehen mag. Denn dabei lernt er nicht etwa, dass ja gar nichts passiert, sondern dass - wie befürchtet - etwas Unangenehmes folgt.

Wenn es Ihnen gelingt, Ihrem Vierbeiner über Ihr eigenes Verhalten Sicherheit zu vermitteln, spielen Sie Ihre Vorbildrolle richtig. Dazu gehört beispielsweise, die Leine nicht reflexhaft fester zu fassen, sobald irgendwo etwas Stressiges auftaucht. Gehen Sie stattdessen entspannt weiter, und achten Sie darauf,

HÖR DOCH MAL REIN

Ideal für zu Hause: Eine CD mit Stadtgeräuschen hilft Ihrem Hund, die City sozusagen in den eigenen vier Wänden kennenzulernen, zumindest mit den Ohren. Das Gute daran: Sie gewöhnen Ihren Vierbeiner allmählich an die Geräuschkulisse, denn Sie steigern die Lautstärke immer erst dann, wenn er nicht mehr die geringsten Stresssignale zeigt. Mit einem »zeitintensiven« Leckerli machen Sie ihm die Situation so richtig schmackhaft. Lassen Sie die CD immer nur so lange laufen, wie Ihr Hund genüsslich kaut. Dann verknüpft er die Stadtgeräusche bald positiv, z. B. mit einer köstlichen Kaustange, und kann dieses gute Gefühl später auch in der Realität viel leichter abrufen.

ÜBUNG 13
»NO STREETFOOD«

Die meisten Hunde sind begeisterte Reste-Vertilger. Und dafür stehen die Chancen in der City ja nicht gerade schlecht. Doch mit einem sorgfältig antrainierten Meideverhalten können Sie Ihrem Vierbeiner diese Leidenschaft gründlich erschweren. Wichtig ist, dass der Hund das Meideverhalten mit Ihrem Wortsignal verknüpft und nicht mit einer entsprechenden Körperhaltung oder einem Handsignal. Üben Sie höchstens zweimal pro Woche, bis es richtig gut klappt. Dann einmal im Monat »auffrischen«, falls keine echte Gelegenheit kommt.

MEIDEN ODER HERGEBEN

Das Meidesignal soll bewirken, dass der Hund nichts aufnimmt. Das »Aus«-Kommando gibt man, wenn der Hund bereits etwas im Maul hat und es hergeben soll. Üben Sie dies z. B. mit einer Kordel. Ihr Hund hat das eine Ende im Maul, Sie das andere in der Hand. Spielen Sie zunächst entspannt miteinander; dabei den Hund nicht direkt anschauen. Sobald der Hund das Spielzeug hergeben soll, sagen Sie »Aus«. Ihre Körperhaltung ist angespannt, Sie schauen den Hund ernst an – bis er loslässt. Dafür belohnen. Sollte der Hund ansatzweise Aggression zeigen, brechen Sie die Übung ab. Dann ist professionelle Hilfe gefragt!

1 Am besten fangen Sie so an: Sie bieten Ihrem Hund einige Male hintereinander Leckerlis an, die er annehmen darf. Variieren Sie dabei Ihre Position: mal aus der Hocke, mal im Stehen, mal aus der flachen Hand, mal aus den Fingerspitzen (→ Bild 1). Ändern Sie zudem die Häufigkeit der Leckerli-Gaben.

2 Nun geht es zum nächsten Schritt. Mal nach dem zweiten, dann wieder nach dem fünften Leckerli, das Ihr Vierbeiner nehmen durfte, bieten Sie erneut eines an. Doch dieses Mal reagieren Sie anders: Sobald der Hund versucht, es zu nehmen, sagen Sie ein akustisches Meidesignal, z. B. ein deutlich vernehmbares »Tabu«. Reagiert er darauf nicht, schließen Sie Ihre Leckerli-Hand augenblicklich zur Faust und führen sie an Ihren Mund (→ Bild 2). Nach einem Moment bieten Sie ihm das Leckerli aus geöffneter Hand erneut an. Will er es nehmen, gibt es das akustische Meidesignal, dann Hand zur Faust und an den Mund führen.

3 Dieses Prozedere wiederholen Sie so oft, bis der Hund meidet: Er schaut weg, blinzelt, legt die Ohren leicht zurück oder wendet sich ganz ab (→ Bild 3). Das Meideverhalten muss deutlich erkennbar sein und sicher kommen. Ist das der Fall, nehmen Sie es freundlich, aber ohne weitere Aufmerksamkeit (kein Lob, kein Leckerli) zur Kenntnis und gehen etwa zehn Schritte mit Ihrem Vierbeiner weiter. Dort lassen Sie ihn eine einfache Übung absolvieren (»Sitz« oder

Für den Hund ist kein Schema erkennbar: Mal gibt es die Leckerlis in der Hocke, mal im Stehen.

2 Hier wird geübt: das Wortsignal und die Hand zum Mund, falls der Hund nicht meidet.

3 Jetzt klappt es: Der Hund wendet sich ab.

Eine Hilfsperson lockt mit Leckerlis. Doch der Hund soll meiden, ansonsten geht die Hand zum Mund.

Die hohe Kunst: Auch wenn etwas auf dem Boden liegt, geht die Hündin einen Bogen.

»Platz«; immer mal was anderes) und belohnen ihn dafür. **Wichtig:** Diesen und die folgenden Übungsschritte nicht machen, wenn der Hund ein Problem mit Stressbewältigung hat. Sollte er gar Anzeichen von Aggression zeigen, brechen Sie die Übung sofort ab und nehmen professionelle Hilfe in Anspruch.

4 Klappt das Meiden verlässlich, üben Sie den nächsten Schritt. Aus etwas Entfernung bietet eine andere Person dem Hund ein Leckerli an. Macht sich der Hund auf den Weg, geben Sie das Meidesignal »Tabu«. Meidet er, gehen Sie zehn Schritte weiter. Folgt der Hund bereitwillig an der Leine, beauftragen Sie ihn mit einer einfachen Übung und belohnen ihn dafür. Meidet er nicht, nimmt die Hilfsperson das Leckerli an den Mund (wie in Step 2 beschrieben), wartet kurz und bietet erneut an. Sie sagen wieder das Meidesignal. Meidet er: Belohnung nach Übung in Entfernung. Meidet er nicht, reagiert die Hilfsperson wie beschrieben. Erst wenn das Meiden bei dieser Person zuverlässig klappt (→ Bild 4), üben Sie auch mit weiteren.

5 Sobald Sie auch bei verschiedenen Personen das Meideverhalten verlässlich abrufen können, legen Sie unbemerkt von Ihrem Hund etwas Essbares auf den Boden, groß und hart genug, dass er es nicht mit einem Bissen verschlingen kann. Gehen Sie mit dem angeleinten Hund nahe daran vorbei. Sowie er den Geruch in der Nase hat und hin strebt, geben Sie das Meidesignal. Meidet er, zehn Schritte weitergehen – Übung – Leckerli. Meidet er nicht, müssen Sie Step 1 bis 3 so lange wiederholen, bis es perfekt klappt.

ÜBUNG 14
»AM FAHRRAD«

Wie fahrradfreundlich ist Ihre Stadt? Wie gut und erfahren radeln Sie auf Ihrem City-Bike? Was erleben Sie – auf dem Fahrrad – mit den Autofahrern um sich herum? All das sollten Sie sich durch den Kopf gehen lassen, bevor Sie aus Ihrem City-Dog gelegentlich einen City-Bike-Dog machen. Grundsätzlich gibt es ein Gefahrenpotenzial, das Sie bei aller Vorsicht nicht auf null bringen werden. Es gilt also, das Risiko für sich, Ihren Hund und die Verkehrsteilnehmer vernünftig einzuschätzen. Laut Straßenverkehrsordnung darf der Hund Radl-Begleiter sein (§ 28 StVO). Allerdings muss der Radfahrer immer in der Lage sein, ausreichend auf seinen Hund einzuwirken – und das geht nur an der Leine oder an einer entsprechenden Fahrradvorrichtung. Auch das Tierschutzgesetz redet ein Wörtchen mit: Einen Dackel (oder anderen kurzläufigen Hund) länger am Rad mitlaufen zu lassen wird schneller, als man denkt, zur Tierquälerei. Dann lieber auf einen Fahrradkorb umsteigen (→ Info, Seite 64). Ein frei laufender Hund am Fahrrad, das ist nur etwas für den Park, den Stadtwald etc., sofern dort Leinenfreiheit gegeben ist. Und immer daran denken: Auch ein Hund braucht ein gewisses Training, bis sich seine Muskulatur dem Gassi-Radeln angepasst hat. Es gilt deshalb: Weniger ist mehr.

1 Nur keine Aufregung: Der Hund darf dieses seltsame Ding erst einmal in Ruhe kennenlernen. Zum Beispiel, indem er daran schnuppert (→ Bild 1). Gehen Sie mit

ihm an lockerer Leine hin. Sie animieren ihn aber nicht, sondern stellen sich einfach neben das Fahrrad. Vielleicht gibt es etwas zu putzen oder gar zu reparieren?

Geben Sie Ihrem Hund ausreichend Zeit, sich an das Fahrrad zu gewöhnen. Er darf erst einmal einfach nur schnuppern.

Ihren Hund beachten Sie dabei gar nicht. Falls er Stressverhalten zeigt (→ Seite 39), gehen Sie erst einmal in einem größeren Abstand vorbei und nur allmählich näher, bis Sie beide sich das Fahrrad in Ruhe anschauen können. So über mehrere Tage verteilt fortfahren, damit Sie den Hund nicht überfordern.

2 Wenn das Fahrrad für den Hund keinen Schrecken mehr darstellt, verlagern Sie das Training in eine ruhige Outdoor-Situation. Sie schieben das Fahrrad, der

Hund läuft auf der rechten Seite (das ist im Straßenverkehr die sichere Seite) in »Bei mir«-Position mit. **Wichtig**: Sie gehen zwischen Rad und Hund, bilden also eine Art »Schutzschild« (→ Splitten, Bild 2). Der Hund darf an der Leine nie weiter als bis zur Mitte

MOBIL IM KORB

Mit kurzen Beinen am großen Rad - keine gute Idee für Dackel & Co. Suchen Sie sich gemeinsam einen passenden Korb aus, den Sie vorn am Lenker oder hinten auf dem Gepäckträger befestigen. Hat der Korb keinen Deckel, nehmen Sie die Leine am Geschirr (!) so kurz, dass kein Sprung möglich ist. Auch an dieses »Ding« sollten Sie Ihren Vierbeiner sanft gewöhnen: Den Korb auf den Boden stellen und den Hund hineinhüpfen lassen. Ansonsten hineinheben. Ist er drin, gibt es eine Belohnung. **Wichtig**: Er darf nie ohne Auflösungssignal herausspringen!

des Vorderrades. Verlässt er die »Bei mir«-Position, bleiben Sie stehen und warten geduldig, bis er sich korrigiert. Wenn's nicht klappt, stellen Sie das Rad ab und üben das »Bei mir« noch einmal für sich. Geht der Hund wieder ruhig am Rad mit, belohnen Sie ihn ab und zu. Dies ebenfalls ein paar Tage lang immer mal wieder üben, bis das Schiebetraining problemlos läuft. Ihr entspanntes Gehen unterstützt den Hund. Ständig beruhigend auf ihn einreden, würde ihn eher verunsichern. Können Sie ihm diese Trainingssituation noch nicht zumuten, bitten Sie eine zweite Person um Unterstützung. Diese schiebt dann das Fahrrad, Sie gehen in »sicherer« Entfernung mit dem Hund an lockerer Leine mit. Und nähern sich von Mal zu Mal mehr an, bis Sie es erneut selber versuchen können.

3 Wenn Ihr Hund schließlich entspannt mitgeht, setzen Sie sich auf das Rad. Dafür gibt es zwei Möglichkeiten. Entweder halten Sie die Leine locker in der rechten Hand. Das ist aber nur ratsam, wenn Ihr Hund wirklich perfekt »Bei mir« beherrscht (→ Bild 3). Falls er doch noch zieht oder abrupt anhält, ist diese Variante ungeeignet, da gefährlich. Auch bei einem Fahrrad ohne Rücktrittbremse ist es so zu riskant, außer im Park, wenn der Hund links laufen kann.

4 Deutlich sicherer ist das Radeln mit einer Befestigungsvorrichtung (→ Bild 4). Der Hund trägt ein Brustgeschirr, an dem der Karabiner der Vorrichtung befestigt ist. Dann radeln Sie ruhig und entspannt los. Achten Sie darauf, die Kondition des Hundes nur sachte zu steigern (sie wird oft überschätzt). Bei Hitze besser nicht radeln (heißer Asphalt kann Blasen an den Pfoten verursachen)! Falls Ihr Hund bei den ersten Versuchen an Ihnen hochspringt, bleiben Sie stehen und ignorieren ihn. Dann evtl. wieder ein Stück schieben oder nur rollern. Und weiter geht's!

Dann geht es los: Entspannt geht er neben dem Fahrrad »Bei mir«. Die Besitzerin »splittet«.

Nur für geübte Fahrer: Der Hund läuft perfekt auf Beinhöhe mit, zieht nicht, stoppt nicht.

Sicherer: an Brustgeschirr und Halterung.

ÜBUNG 15
»INS AUTO«

Hunde sind am liebsten immer dabei. Im Auto gelten sie als besondere Passagiere: Gefährdet und - unter Umständen - gefährlich zugleich (→ Info, Seite 68). Keine Frage: Der Vierbeiner muss gesichert sein. Denkbare Maßnahmen sind ein Sicherheitsgurt-Adapter für die Rückbank und ein Gitter zwischen Vorder- und Rücksitzen. Eine Transportbox fährt gut in Vans, Kombis oder bei größerer Heckklappe mit, für einen kleinen Hund passt ein stabiles Modell sogar hinter den Vordersitz. An diese Art zu reisen muss sich Ihr Hund allerdings erst gewöhnen. Geben Sie ein tolles Leckerli in die Box, vielleicht ein Stück Pansen, damit er etwas länger zu kauen hat. Die »Einrichtung« sollte für einen Kurzhaarhund durchaus kuscheliger sein, etwas weniger Flausch für einen, dem schnell warm wird. Zeigt Ihr Vierbeiner in der Box keinen Stress, dann für einen Moment die Tür schließen und ohne Kommentar wieder öffnen - damit ist das »Probewohnen« erst einmal erledigt. Die Gewöhnungsphasen bieten Sie so lange an, bis das neue »Transportmittel« akzeptiert ist.

1 Optimal, wenn der Hund von sich aus ins Auto springt. Dafür sollte er nicht zu schwer sein oder gar krank. Auch ein zu junger Hund (unter einem Jahr) springt besser noch nicht ohne Unterstützung, schon gar nicht, wenn das Auto hoch ist. Die Sorgfaltspflicht liegt bei Ihnen: Falls es mit dem »Einsteigen« noch nicht oder nicht mehr klappt, können Sie auf verschiedene Weise helfen (→ Step 2, 3, 4). Sollte ihm das Mitfahren im Auto neu oder noch nicht geheuer sein, machen Sie es ihm so schmackhaft: Sie legen etwas besonders Reizvolles in die Box, für den Hund gut erkennbar. Dann stellen Sie sich seitlich zum Auto und schauen hinein zum Leckerli. Im optimalen Fall springt der Hund nun ins Auto (→ Bild 1). Er darf die Belohnung vernaschen, Sie schließen ruhig die Boxtür und anschließend den Kofferraum.

2 Gelangt der Hund aus einem der genannten Gründe nicht ohne Hilfestellung ins Auto, ist eine Rampe eine gute Alternative. Diese sind im Tierfachhandel in vielfacher Ausführung erhältlich. Zwecks Eingewöhnung und Training legen Sie die Rampe zunächst in ablenkungsfreiem Terrain auf den Boden. Nun führen

DREHEN UND WENDEN

Wenn der Hund lange Strecken mit Ihnen fährt, sollten Sie eine Box für ihn wählen, in der er auch mal aufrecht sitzen kann. Diese muss als »Ladung« (→ Info, Seite 68) so gesichert sein, dass sie bei einer Bremsung nicht nach vorne saust. Nutzen Sie Produkttests im Internet für einen Quality-Check!

1

Gut vorbereitet: Das Leckerli wird ins Auto gelegt, der Blick zur Belohnung gerichtet – und nicht zum Hund.

2

Die Rampe als Alternative: Zunächst ohne Schräge üben, bis der Hund angstfrei ist.

3

Leckerli mittig führen, und ab nach oben!

Sie ein Leckerli mittig die Rampe entlang. Der Hund soll dem Leckerli folgen und dafür die Rampe betreten. Achten Sie darauf, dass während der gesamten Übung auch immer alle vier Pfoten auf der Rampe sind (→ Bild 2). Zwischendurch halten Sie ein-, zweimal für einen Augenblick an, dann geht es weiter. Führen Sie den Hund nicht schnell, denn er soll lernen, entspannt über die Rampe zu gehen. Anfangs ist eine zweite Person hilfreich, die ihr Bein an die Rampe stellt und seitlich mitgeht, damit der Hund gerade aufsteigt und alle vier Pfoten darauf behält.

3 Wenn das entspannt klappt, können Sie die Rampe an den Kofferraum legen und den Hund mit einem Leckerli nach oben leiten. Falls der Hund noch Stress mit der Höhe hat, bauen Sie Zwischenetagen ein. Dazu brauchen Sie einen Gegenstand, der sicheren Halt gewährt und von dem der Hund gefahrlos wieder herunterkommt (stabile Kiste). Schafft er die leichte Steigung ohne Stress, steigern Sie die Höhe nach und nach. Schließlich leiten Sie ihn mit dem Leckerli bis hinein ins Auto (→ Bild 3). Läuft auch das gut, führen

Teamarbeit: Das Leckerli liegt im Auto, Ihr Blick wandert dorthin. Der Hund hebt die Vorderpfoten aufs Auto, Sie helfen nach.

GELIEBTE LADUNG SICHERN

Eine klar formulierte Tiersicherungspflicht, vergleichbar mit der Sicherung von Kindern im Auto, gibt der Gesetzgeber zwar nicht vor. Doch auch der Vierbeiner unterliegt Vorschriften: Er gilt laut Straßenverkehrsordnung als »Ladung«. Und die muss im Auto so untergebracht sein, dass sie keine Verkehrsteilnehmer gefährdet. Ein völlig ungesicherter Hund im Auto stellt grundsätzlich ein Risiko dar, deshalb könnte es bei einer Polizeikontrolle ein Verwarnungs- oder Bußgeld geben. Mit stabiler Hundebox und/oder einem festen Gurtsystem fahren Sie auf Nummer Sicher.

Sie ein akustisches Signal ein, z. B. »ins Auto«. Erst dort gibt es dann das Leckerli. Ist der Ablauf gefestigt, können Sie das Belohnen allmählich abbauen, bis es schließlich ganz entfällt.

4 Tatsächlich gibt es Kandidaten, die sich trotz Training nicht an die Rampe gewöhnen mögen. Vielleicht ist die Rampe auch mal nicht dabei, oder Sie fahren ein anderes Auto. Dann bleibt Ihnen immer noch die Möglichkeit, halbe-halbe zu machen: Ihr Hund soll die Vorderpfoten auf das Kofferrauminnere legen, und Sie heben ihn an seinen Hinterläufen ganz hinein (→ Bild 4). Hierfür legen Sie das Leckerli vorn ins Wageninnere, aber nicht so tief wie für den Hineinsprung. Legt er die Pfoten wie gewünscht auf, loben und belohnen Sie ihn. Das wiederholen Sie einige Male. Sobald das verlässlich klappt, unterstützen Sie den Vierbeiner mit Ihren Händen an seinen Hinterläufen und heben ihn sanft ins Wageninnere. Dort angekommen, erhält er das Leckerli. Die Futterbelohnung dann wieder nach und nach abbauen (→ Step 3).

KEIN AUTO?
KEIN PROBLEM!

Ein Leben ohne Hund? Eher nicht. Ein Leben ohne Auto – warum nicht? Schließlich gibt es Taxis und Carsharing. Tipps und Infos für den mobilen Vierbeiner.

CARSHARING

City-Dogs sind bei Carsharing-Anbietern zumeist durchaus akzeptierte Gäste. Doch es gibt ein paar Regeln, die den gut vorbereiteten und rücksichtsvollen Städter aber bestimmt nicht abschrecken: Vollkommen klar, dass auch der Carsharer seinen Hund entweder anschnallt oder in einer sicheren Box transportiert (→ Info, Seite 68). Dafür gibt es z. B. faltbare Transporthütten aus Nylon und mobile Gurtsysteme. Soll der Hund auf der Rückbank mitfahren, legen Sie dort eine großzügig bemessene Decke aus. Falls sich doch ein paar Hundehaare selbstständig machen, dann lohnt es, vor der Abgabe gründlich zu saugen. Ansonsten kann eine nachträgliche Reinigungsgebühr fällig werden, meist um die 30 Euro.

STADTAUTO

Wer sich als regelmäßiger Stadtautonutzer registrieren lässt, meldet den Vierbeiner einfach mit an. Fürs Taxi gilt: Der Hund darf mit. Es sei denn, handfeste Gründe wie Hundeallergie des Fahrers oder Fahrerangst vor Riesenhund sprechen dagegen. Dann ist das Unternehmen aber verpflichtet, ein Ersatztaxi mit Hundeerlaubnis zu schicken. Bei Anruf oder Call per App den Vierbeiner am besten ankündigen.

Mit einem gut angepassten Brustgeschirr und einem Anschnallgurt aus dem Handel sichern Sie den Hund überall.

STADTHUND MIT BENIMM – BEGEGNUNGEN ALLER ART

Ist der Hund willkommen, freut sich der Halter, vor allem, wenn er in der Stadt unterwegs ist. Damit sich alle anderen gleichfalls wohlfühlen, ist ein kleiner Hunde-Knigge bestimmt sinnvoll. Wie soll er denn nun sein, der souveräne City-Dog? Erfahren Sie alles über Begegnungen der freundlichen Art: mit Mensch und Tier und Artgenosse, unterwegs in Bus und Park und Restaurant.

RÜCKSICHT IN EINER WELT DER INDIVIDUALISTEN

Es ist eine Frage des Selbstverständnisses, wie höflich und charmant man seiner Umwelt begegnen möchte. Sie mögen entspannte Begegnungen und fröhliche Gesichter? Mit den Übungen auf den folgenden Seiten erleben Sie das sicher immer öfter.

Hunde in der Stadt machen das Leben lässiger. Jedenfalls, wenn wir uns auf ihre Bedürfnisse einstellen: Alles geht irgendwie ein bisschen langsamer, ein bisschen bewusster, ein bisschen flexibler, wenn der Vierbeiner dabei ist. Öfter mal stehenbleiben für eine Schnupperpause; entscheiden, in welches Café er wohl mit reindarf; im Kaufhaus den Fahrstuhl aufspüren, statt die Rolltreppe zu nutzen; ein nettes Kompliment einstecken für den »braven« Hund und sich dabei in eine kleine Plauderei verwickeln lassen; den x-ten Shop vielleicht doch auf morgen verschieben und dafür lieber noch eine Runde im Park drehen – der Entschleuniger auf vier Pfoten tut uns gut. Wenn, ja wenn er eben ein »echter« City-Dog geworden ist an unserer Seite und die Stadt mit ihm nicht der reinste Horror ist – weil er Angst hat, weil er macht, was er will, weil er ständig jemandem in die Quere kommt oder aus einer brenzligen Situation »gerettet« werden muss. Denn leider gibt es auch das.

MITEINANDER STATT GEGENEINANDER
Bestimmt entscheiden Sie sich lieber für die erste Version. Und verstehen gut, dass das alles nur entspannt klappt, wenn Sie auch die Interessen Ihrer Mitmenschen – und der Mithunde – dabei im Blick behalten. Das ist nicht immer einfach, weil unsere Städte eine kulturelle und soziale Vielschichtigkeit präsentieren, die entsprechende Rücksichtnahmen erfordert. Schließlich nehmen das Tempo und die Dichte immer noch weiter zu, weshalb auch der Stadtmensch oft das Gefühl hat, letzte Freiräume verteidigen zu müssen. Vielleicht aber auch, weil Aufmerksamkeit und Freundlichkeit für viele Menschen immer mehr zur Herausforderung werden. Wir haben einfach so viel mit uns selbst zu tun ... Lassen Sie sich nicht anstecken von zu viel »Innenansichten«. Gerade mit Hund kann es so überaus bereichernd sein, alles um sich herum bewusst wahrzunehmen – und dann können Sie auch vorausschauend reagieren, wenn nötig.

KEINE VORFAHRT FÜR VIER PFOTEN
Das fällt leichter, wenn Ihr Hund nicht ständig die Nase vorn hat und Richtung Unendlich alles checkt, sondern in angepasstem Tempo auf Beinhöhe mitgeht. Wenn er das in aller Ruhe mit Ihnen üben durfte (→ Seite 28) und schon etwas routiniert ist, schafft er

> *HUNDE BRAUCHEN REGELN*

Die Diskussionen um Regeln sind fast immer hitzig, ob im Netz, in der Hundeschule oder beim Gassigehen. Warum? Weil es vielen Menschen schwerfällt, einem Hundeblick etwas abzuschlagen, und weil Konsequenz manchmal etwas unbequem ist. Doch Regeln sind keine Schikane. Zu wissen, was erwartet wird und dass Hundekekse nicht vom Himmel regnen, vermittelt Stabilität. Für Ihren Hund ist das ein essenzielles Lebensgefühl. Statt einfach »sein Ding« zu machen, übernimmt er Ihr Konzept und bewegt sich darin souverän. Also: Eine Hausordnung muss her (→ Seite 72).

so viel Disziplin für eine halbe bis ganze Stunde. Aber wann gehen Sie so ein langes Stück schon mal, ohne hier oder dort in ein Schaufenster zu schauen oder in einen Laden hineinzugehen? Dann sollte es selbstverständlich sein, dass der Vierbeiner nicht aus Langeweile weiträumig den Gehweg inspiziert oder anderen im Weg steht, sondern ruhig mit Ihnen wartet – dicht an Ihrer Seite (→ Seite 48).

Kollisionsfrei einen Laden, ein Café, den Bus, die Bahn etc. betreten, das gelingt, wenn der Hund dabei weder hineindrängelt noch herauszerrt. Sondern in »Bei mir« (→ Seite 28) oder hinter Ihnen (→ Seite 57) höflich den Vortritt lässt, wenn es andere besonders eilig haben. Kleiner Abstecher zurück in die Stadtwohnung: Falls Ihr Hund im Treppenhaus gern laut wird, wenn Sie auf andere Bewohner treffen, kann genau diese Übung - »Hinter mir« (→ Seite 57) - das Problem schnell aus der Welt schaffen. Verlassen Sie das Apartment einfach als Erste/r, den Vierbeiner haben Sie dabei hinter sich. Schon fühlt er sich nicht mehr verpflichtet, den Haus- und Hofhund zu spielen und überlässt die Kontrolle Ihnen. Auch in jeder Stadtsituation, da Sie Ähnliches erleben - er sichert nach allen Seiten lautstark oder auch ängstlich ab -, nehmen Sie den Vierbeiner an lockerer Leine weiter zurück oder ganz in die zweite Reihe. Damit geben Sie ihm Schutz und bringen ihn nicht in die unangenehme Lage, alles selber im Blick haben zu müssen.

Nicht nur für eilige Menschen können Hunde eine böse Stolperfalle werden oder zumindest einen unkalkulierten Stopp erzwingen. Das verhindern Sie elegant, indem Sie im Bedarfsfall splitten, den Hund also auf die abgewandte Seite nehmen (→ Seite 74). Mit der Zeit wird Ihnen das wahrscheinlich so zur Gewohnheit, dass Sie ganz automatisch »links« oder »rechts« sagen und Ihr Hund völlig selbstverständlich hinter Ihnen die Seite wechselt. Entscheiden Sie, wann die Situation danach ist; bei kleinen Kindern beispielsweise fühlen sich zumeist alle Beteiligten grundsätzlich wohler damit.

ORT DER BEGEGNUNG

Kinder sind für viele Hunde ohnehin etwas Besonderes. Je jünger (oder quirliger), desto unberechenbarer sind sie oft für den Hund, was nicht alle immer völlig gelassen nehmen. Noch dazu in einer Stadtatmosphäre, die sowieso schon aufregend genug ist. Deshalb gelten bei solchen Begegnungen ganz besondere Vorsichtsmaßnahmen, für Kind und Hund (→ Seite 80). Dass die Erwachsenen drum herum die entscheidende (Aufpasser-)Rolle haben, ist klar.

Rücksicht auf andere, diese Selbstverständlichkeit sollte sich im Übrigen nicht nur auf andere Passanten, ob Groß oder Klein, beschränken. Auch Eichhörnchen, Taube, Katze und Co. wollen nicht erschreckt, gejagt oder verbellt werden. Erstens, weil Angst für

---

HAUSORDNUNG

In der ersten Reihe hat der Hund nichts zu suchen, die Kontrolle liegt bei Ihnen. Deshalb beim Verlassen der Wohnung oder Treppensteigen vorangehen, er folgt beruhigt. Für Spielen, Streicheln, eine Ansprache gilt: Belohnen Sie damit! Aufmerksamkeit ist eine Ressource, die der Hund nicht nach Lust und Laune einfordern soll. Das Catering: Er wartet in Ruhe ab, bis der Napf freigegeben ist. Betteln ist tabu, genauso wie Plätze auf Sofa, Bett etc. selbst zu erobern. Regeln für den Spaziergang finden Sie ab Seite 74.

Artgemäße Kommunikation ist angeleint nicht sinnvoll möglich. So ist es perfekt: stressfrei an abgewandter Seite.

jedes Lebewesen eine Belastung ist, selbst wenn der Hund »nur mal eben kurz« einen Sprung riskiert und gleich wieder weggezogen wird. Jede Aufregung dieser Art bedeutet grundsätzlich Stress für die tierischen Stadtbewohner. Zweitens können solche Zwischenfälle im Ernstfall aber auch zu Unfällen mit unabsehbaren Folgen führen.

Und was ist mit den vielen anderen City-Dogs? Mal kommen sie mit, mal ohne Leine daher, mal sind sie souverän, mal rüpelhaft. Jedenfalls können sie uns ganz schön in die Klemme bringen, je nachdem, wie einig wir uns mit dem eigenen Hund sind. Ihm muss klar sein, dass ein solches »Meeting« nach eindeutigen Vorgaben abläuft. Regeln spielen überhaupt eine große Rolle, wenn es darum geht, dem Hund Benimm zu vermitteln. Sind sie Teil des Alltags (→ Seite 71), bewegt sich der Hund mit einer Grundhaltung durch sein Leben, die es ihm und uns einfach macht: Erst mal abwarten, was mein Mensch dazu meint, damit liege ich immer richtig. Wie Sie ihn dazu bringen, Ihre Regeln zu akzeptieren? Na klar, mit Liebe und mit Konsequenz, vor allem aber mit einem vernünftigen Rollenverständnis: Sie haben die Verantwortung – und er macht einen richtig guten Job.

ÜBUNG 16
»RUHIGES BEGLEITEN«

Zum Glück gibt es viele Mitmenschen, die Hunde einfach mögen. Und oft genug zeigen sie das auch: Mit freundlichem Ansprechen, mit ein paar Streicheleinheiten, manche versuchen sogar, ein Leckerli zuzustecken. Das sind alles gute Absichten. Doch für den Hund sind sie in jedem Fall eine Herausforderung – und für den Besitzer auch. Denn erstens soll der Hund bei so viel Zuwendung »cool« bleiben und nicht etwa vor lauter Freude jeglichen Benimm vergessen oder aus Unsicherheit über die jeweiligen Absichten unberechenbar reagieren. Und zweitens kommt man in Erklärungsnot: »Wissen Sie, er soll Menschen grundsätzlich nicht anspringen, das mögen nun mal nicht alle!« Oder: »Mein Hund ist eher

> ### GUT GEMEINT, ABER …
>
> Falls Ihr Hund unerwünscht auf Freundlichkeiten anderer Menschen reagiert, trainieren Sie das Abwenden vom Gegenüber mit der Aufmerksamkeitsübung (→ Seite 50). Wenn's klappt, bekommt er ein attraktives Leckerli. Das »löscht« quasi die Verlockung. Einige Male mit »Fremdpersonen« üben.

ängstlich, deshalb halte ich etwas Abstand mit ihm.« Wenn Sie solche Begründungen mit einem strahlenden Lächeln verbinden und Ihrem Hund vermitteln, wie er sich verhalten soll, kommt zur Sympathie oft noch Bewunderung dazu: »Ist der gut erzogen …!«

1 Rücksicht nehmen heißt vorausschauen: Der kleine Hund wird per visuellem und akustischem Signal – »Rechts« (→ Seite 31) – auf die abgewandte Seite genommen. Auf diese Weise bringt sich die Besitzerin zwischen Hund und Passantin (»splitten«, → Bild 1).

2 Je nach Situation und Ausweichmöglichkeit kann man mit dem Hund auf der abgewandten Seite auch einen kleinen Bogen um entgegenkommende Passanten gehen (→ Bild 2). So werden eine direkte Begegnung und entsprechender Stress vermieden.

Der Hund wird auf die abgewandte Seite genommen: Bei Passanten kommt das gut an, vor allem, wenn sie vor Hunden eher Angst haben.

Ein kleiner Bogen entspannt zusätzlich. Frontale Begegnungen gelten als Bedrohung und sind unhöflich.

3 *Wie der Hund auf die Kontaktaufnahme reagiert, ist abhängig von Sozialisierung und Erfahrung.*

4 *Besser so: Die Aufmerksamkeit ist beim Besitzer.*

Ein vernünftiger Abstand und die Hündin auf der abgewandten Seite – schon ist die Situation entspannt.

Nichts tun und geduldig warten – das ist nicht einfach, aber mit etwas Übung klappt es.

3 Ein hundefreundlicher Mitmensch möchte Kontakt aufnehmen. Den Hund verunsichert diese unerwartete Annäherung womöglich, vielleicht reagiert er sogar aggressiv. Besondere Vorsicht ist geboten, wenn er direkt angeschaut wird, die Person sich nach vorn beugt oder die Hand ausstreckt (→ Bild 3). Das Gegenteil gibt es auch: Der Hund ist so begeistert von dem »Angebot«, dass er überschwänglich darauf eingeht und Anstalten macht, die entgegenkommende Person anzuspringen. Andere Hunde finden Passanten auch ohne Annäherung so anziehend, dass sie von sich aus aufdringlich werden – ein »No-Go«.

4 Sobald Sie an Ihrem Hund Signale für eine solche Absicht wahrnehmen, machen Sie die Aufmerksamkeitsübung (→ Seite 50): Sie gehen aufrecht (nicht nach vorn gebeugt) ein paar Schritte rückwärts (→ Bild 4), um die Distanz zu der Person zu vergrößern. Das ermöglicht dem Hund eine alternative Handlung, für die er sogar belohnt wird. Die Wirkung: Sie sind für ihn wichtiger als die andere Person.

5 Wenn der Hund die genannten Strategien kennt und beherrscht, geht er entspannt auf der abgewandten Seite neben seinem Besitzer her (→ Bild 5).

6 Jemand fragt Sie nach dem Weg. Während des Gesprächs soll der Hund ruhig warten (→ Seite 48). Reagiert er stattdessen auf die Person, machen Sie kurz die Aufmerksamkeitsübung. Dann splitten Sie wieder (Hund auf die abgewandte Seite), stellen sich auf die Leine und erklären in Ruhe den Weg (→ Bild 6).

ÜBUNG 17 »RUHIGES BEGLEITEN BEI AUSSERGEWÖHNLICHEM«

Können Hunde staunen? Die wahrscheinlichere Reaktion ist Stress angesichts eines Etwas, das sie nicht einordnen können. Unsicherheit, die zu Angst werden kann, wenn sie in ihrem Verhaltensrepertoire keine Strategien abrufen können, um mit Neuem angemessen umzugehen (→ Seite 58–59). In einem »Großstadtdschungel« gibt es genügend Überraschendes, was den Vierbeiner zumindest skeptisch machen kann. Aber auch Kleinigkeiten sorgen unter Umständen für Stress. Wer seinen Hund gut im Blick hat, kann oft rechtzeitig entsprechende Signale wahrnehmen: eine angespannte Körperhaltung, eine eingezogene Rute, angelegte Ohren, den Blick fixiert und ein insgesamt nervöses Verhalten bis hin zu einem Satz zur Seite. Doch manchmal kommt eine Reaktion auch so spontan, dass Sie gar nicht vorausschauend handeln können: Ein Hund, der gelernt hat, Aggressionsverhalten nach dem Motto »Angriff ist die beste Verteidigung« einzusetzen, attackiert womöglich, ohne dass Anzeichen von Angst wahrnehmbar sind. Neben dem Anbieten von Strategien (→ »Ruhiges Begleiten«, Seite 74, und in dieser Übung) ist es vor allem eine Verhaltensweise, die Sie Ihrem Hund als Beruhigungsmittel ohne Nebenwirkungen verabreichen können: Ihre Souveränität. Ruhiges, langsames Gehen gehört dazu, auch wenn drum herum Tempo, Tempo angesagt ist. Bei Ihrem Hund kommt dabei an, dass Sie sich sicher fühlen (sonst würden Sie ja eilen oder wegrennen). Orientiert er

sich an Ihnen, kann auch er nach und nach entspannen. »Gönnen« Sie sich beide das schöne Erlebnis, miteinander souveräner zu werden. Dafür wählen Sie die Reize für das Training anfangs so gering, dass der Hund sie gut bewältigen kann, und steigern sie erst allmählich. Geben Sie ihm außerdem die Zeit, sich von all dem Neuen zu erholen, mal eine Nacht (oder auch zwei) drüber zu schlafen und auf diese Weise immer wieder Stress abzubauen.

1 Das kann passieren: Obwohl das »Ding« nicht zu übersehen ist, hat Frauchen es verpasst, ihren Vierbeiner vorausschauend auf die andere Seite zu nehmen. Da der Dackel zudem noch ein wenig zu weit vo-

Der Hund fixiert das für ihn außergewöhnliche Objekt. Zeitnahes Handeln ist gefragt, damit der Vierbeiner gar nicht erst Angst oder Aggression zeigt.

rausläuft, kann er nicht wahrnehmen, dass Frauchen völlig ruhig bleibt – was auch ihn entspannen würde. Und so bleibt er erschrocken stehen und weiß nicht recht, wie er sich verhalten soll (→ Bild 1). Gut möglich, dass er sich in dieser Situation zum »Angriff« entscheidet und das »Ding« wütend verbellt.

2 Statt beruhigend auf den Dackel einzureden oder ihn wegen seines (Angst-)Verhaltens zu schimpfen, macht die Besitzerin beiläufig die Aufmerksamkeitsübung. Ohne Kommentar geht sie einige Schritte rückwärts und nimmt ihren Hund dabei an der Leine sanft mit, bis er sich vom Objekt abwendet (→ Bild 2). Dafür gibt es ein Lob und anfangs auch ein Leckerli, später dann nur noch für den direkten Blickkontakt.

3 Damit der Löwe aus Stein seinen Schrecken für den Hund verliert, darf der Vierbeiner ihn ausgiebig erkunden. Viel besser als mit Worten beruhigt Frauchen ihren Hund mit Körpersprache: Sie bewegt sich ruhig und entspannt, interessiert sich ohne Aufregung für das Objekt, zeigt keine Fluchttendenzen,

2

Den Hundeblick vom Objekt ablenken: Die Aufmerksamkeitsübung hilft, den Hund aus der Anspannung zu lösen. Ein Leckerli entstresst zusätzlich.

> ### MIT PROFI-TIPPS PERFEKT
>
> Strategien funktionieren umso besser, je selbstverständlicher man sie einsetzen kann. Wenn Sie sich nicht ganz sicher sind, ob Sie es richtig machen, kann eine Stunde Hundetraining allein dafür lohnend sein. Lassen Sie sich die Aufmerksamkeitsübung, das Bogengehen und das »Splitten« einmal konkret vorführen, und probieren Sie es dann mit Ihrem Hund aus. Der Profi hat bestimmt ein paar Tipps parat, wie Sie Ihre Technik optimieren können – und bald fließen Ihnen die Übungen quasi aus der Leine.

stellt sich einfach gelassen daneben (→ Bild 3). Sie schaut nicht vom Objekt zum Hund, schließlich ist nichts Besonderes los. Dann kann es wohl kaum gefährlich sein, signalisiert das dem Vierbeiner. Diese ruhige Situation bleibt, bis sich der Hund entweder lockert oder das Objekt gleichfalls erkunden möchte.

4 Die Lage hat sich entspannt. Eine gute Gelegenheit, den Hund noch einmal die Ungefährlichkeit des Objekts erleben zu lassen: Dafür geht man dieses Mal mit möglichst großer Distanz und dem Hund auf der abgewandten Seite an dem »komischen Ding« vorbei (→ Bild 4). Bei ruhigem, entspanntem Verhalten in der »Bei mir«-Position mit kurzem Blick zum Besitzer gibt es als Belohnung ein Leckerli.

Die »Bei mir«-Position des Hundes (→ Seite 28) hilft dem Hund, sich auch in Stresssituationen am Besitzer zu orientieren und seine Ruhe zu übernehmen. Deshalb ist sie als gelegentliche Übung zwischen-

Die Besitzerin schaut den Löwen ruhig an, ohne Blick zum Hund. Die Botschaft: völlig ungefährlich.

Zeigt der Hund keinen Stress mehr, gibt es eine zweite Begegnung – in »Bei mir« und an abgewandter Seite.

durch nicht zu unterschätzen, falls es irgendwann mal nicht mehr so gut klappt damit. Für den Vierbeiner ist sie nämlich eine wichtige Kommunikationsbrücke: Geht er tatsächlich auf Beinhöhe, kann er dabei Herrchen oder Frauchen aus dem Augenwinkel wahrnehmen und bekommt auf diese Weise mit, wie man oben reagiert. Würde der Hund vorauslaufen, entgeht ihm das viel eher, und er könnte auf die Idee kommen, selber aufpassen zu müssen. Für die meisten Hunde ist das eine Überforderung.

Damit Ihnen die Strategien gegen Unsicherheit oder gar Angst geradezu wie von selbst gelingen, üben Sie sie einfach immer mal wieder, wenn sich Gelegenheiten ergeben. Das muss nicht immer nur in der Stadt sein, sondern überall dort, wo Sie mit Ihrem Hund an der Leine unterwegs sind. Auf die abgewandte Seite (»splitten«) bringen Sie ihn über die Übung »Linke bzw. rechte Seite« (→ Seite 31). Diese kann man auch einfach auf gerader Strecke zwei-, dreimal mit etwas Pause dazwischen trainieren; dabei jedes Mal loben und belohnen. So bekommt der Seitenwechsel mit der Zeit eine routinierte Selbstverständlichkeit. Einen Bogen gehen um irgendetwas und den Hund dabei sanft, aber bestimmt an der Leine mitnehmen lässt sich gleichfalls prima im Alltag einbauen (dafür gibt es allerdings keine Belohnung). Achten Sie darauf, die Distanz zu dem Objekt jeweils unterschiedlich zu gestalten – das macht Spaß und optimiert Ihr Gefühl dafür, welche Entfernungen für Ihren Hund so sind, dass er völlig ungerührt bleibt. Gibt er Ihnen beim Ausweichen einen Blickkontakt, hat er sich damit selbstverständlich ein Leckerli verdient.

ÜBUNG 18
»KONTAKT MIT KINDERN«

Kinder und Hunde, das ist ein ambivalentes Thema. Einerseits wissen wir, wie beglückend eine Begegnung oder gar eine Freundschaft mit einem Hund für ein Kind sein kann. Andererseits haben wir leider schon viel zu oft von sehr gefährlichen Zwischenfällen gehört, häufig im familiären Umfeld. Tatsächlich ist es ein großes Risiko, Kind und Hund sich selbst zu überlassen. Denn es sind instabile Beziehungen zwischen zwei Wesen, die aus den verschiedensten Motiven heraus »falsch« reagieren können. Ein erschrockenes Kind läuft vielleicht weg und löst damit beim Hund eine Art Jagdverhalten aus – was zumindest ein Hinterherrennen zur Folge hat. Kleinere Kinder oder solche mit wenig »Hundeerfahrung« schätzen

Angst vor dem Hund? Dann nimmt man den Hund entspannt auf die abgewandte Seite und geht einen kleinen Bogen.

die Vierbeiner oft noch nicht richtig ein und vermuten eine Art »Stofftier-Reaktion«, wenn sie beherzt ins Fell greifen. Auch ein begeistertes Auf-den-Hund-Zurennen kann man sich vorstellen – und den Schreck des Vierbeiners darüber ebenso. Auf derartige Situationen müssen Sie als Hundehalter bei der Begegnung mit Kindern immer vorbereitet sein.

Die Pädagogik gibt vor, dass man Kinder bis zu ihrem 7. Lebensjahr nie mit einem Hund allein lassen darf. Später hängt es von ihrem Verhalten ab. Die zweite wichtige Vorschrift lautet: Kinder brauchen Regeln, die sie gegenüber dem Hund unbedingt einhalten müssen. Bis zu einem Alter von fünf Jahren ist das aber nur schwer umzusetzen. Andererseits brauchen auch Hunde Grenzen im Umgang mit Kindern (keine ungestümen Begegnungen; Spielzeug, Essbares ist

Nur wenn der Hund verlässlich freundlich zu Kindern ist, ist ein Kontakt erlaubt.

Ein freundliches Kennenlernen: Der Hund schnuppert unaufdringlich an der Hand des Kindes.

tabu; Distanz einhalten etc.). Der Hundehalter wiederum muss das Verhalten seines Vierbeiners wirklich sehr gut einschätzen können, damit er ihn, bevor er Stress bekommt, aus einer Situation herausnehmen kann. Hat ein Hund grundsätzlich Probleme mit Kindern, sollte man ihm besser einen Maulkorb anlegen und professionellen Rat einholen. Wenn jedoch alles passt und die notwendige Kontrolle gegeben ist, darf Sympathie und Vertrauen entstehen und vielleicht sogar eine Freundschaft, in die beide – Kind und Hund – mit den Jahren sicher hineinwachsen.

1 Bei einer Begegnung mit Kind(ern) ist immer Ihre volle Aufmerksamkeit gefragt. Klare Devise ist: Mein Hund soll nicht die geringste Bedrohung darstellen. Vielleicht ängstigt sich das Kind (noch) vor Hunden.

Oder es hat etwas Essbares in der Hand, was für den Hund eine ziemliche Verlockung sein kann. Auch ein Spielzeug missversteht der Vierbeiner womöglich als Einladung. Holen Sie Ihren Hund deshalb immer zu

WER STREICHELN WILL ...

... muss schnuppern lassen: Diese Regel sollten Sie Kindern freundlich vermitteln. Sehr vorsichtigen Kindern, die sich das gar nicht trauen, dürfen Sie etwas helfen und z. B. den Kopf des Hundes halten, während ihn das Kind seitlich am Kinn berührt. Im Zweifel aber eher keinen Kontakt zulassen.

sich, wenn Kinder ins Blickfeld geraten, dann auf die abgewandte Seite nehmen und mit deutlichem Abstand an den Youngstern vorbeigehen (→ Bild 1).

2 Optimal, wenn der Kontaktwunsch sich so vorbildlich klären lässt: In Bild 2 fragt das Mädchen in ruhiger Distanz nach, ob es den Hund streicheln darf. Entscheiden Sie: Kann Ihr Hund diese Situation souverän meistern? Kennt er Streichelbegegnungen mit ihm unbekannten Kindern bereits? Können Sie absolut sicher sein, dass er ruhig und freundlich auf eine Berührung reagieren wird? Und wie vernünftig schätzen Sie das Kind ein? Wenn alles passt, können Sie das Streicheln erlauben. Falls nicht, lehnen Sie freundlich ab und erklären dem Kind den Grund dafür.

3 Ihr Hund ist erfahren im Umgang mit Kindern und hat sich immer als stressfest und freundlich erwiesen? Dann bitten Sie das Kind, dass es Ihren Vierbeiner zunächst an seiner ausgestreckten Hand schnuppern lässt (→ Bild 3). So kann der Hund auf eine erste Annäherung eingehen und wird nicht von einer un-

NACHHILFE MACHT SINN

Kinder bewegen und benehmen sich anders als Erwachsene. Wenn Hunde dieses Verhalten nicht kennengelernt haben, reagieren manche verunsichert, knurren oder bellen (schon aus der Ferne). Bei direktem Kontakt ist die Körperhaltung angespannt, der Hund könnte schnappen wollen. Den Kontakt bei solchen Signalen sofort abbrechen, die Situation ist gefährlich. So ein ernsthaftes Problem geht man am besten mit professioneller Unterstützung an, eine nachträgliche Gewöhnung ist durchaus zu erreichen.

vermuteten Berührung überrascht. Denn viele Kinder gehen gern von hinten oder von der Seite an einen Hund heran, weil sie meinen, dass er da ja nicht beißen kann. Bleiben beide bei diesem ersten Kontakt ruhig und sicher, wird das Streicheln freigegeben.

4 Kinder wollen zumeist den Kopf streicheln, doch viele Hunde gehen mit dem Kopf nach oben, wenn sie eine Hand über sich spüren. Typische Reaktion: Die Youngster erschrecken und ziehen ihre Hand ruckartig wieder weg. Ganz ähnlich am Rücken: Der Hund dreht den Kopf herum, um zu schauen, was da an seinem Rücken los ist – und im Nu zuckt die kleine Hand wieder weg. Das sind grundsätzlich keine guten Situationen. Bitten Sie das Kind deshalb darum, den Hund erst einmal seitlich am Kinn (→ Bild 4) zu berühren. Wenn alles harmonisch ist, darf es dann den Kopf und den Rücken einbeziehen. Dabei muss der kleine Hundefreund nicht unbedingt in die Hocke gehen, sondern kann auch jederzeit stehen bleiben.

Vertrauen aufbauen: Erst mal seitlich am Kopf streicheln, dann auch an anderen Stellen, die der Hund mag. Der Besitzer ist immer dabei.

ÜBUNG 19
»ZAUNGAST AM SPIELPLATZ«

Mit Hund und Kind unterwegs, das birgt so manche Komplikation. Trotzdem sollen alle auf ihre Kosten kommen! Zum Spielplatz hat der Hund keinen Zutritt, drum herum muss er in der Regel angeleint sein. Einen Hund, der gelernt hat zu warten, können Sie dennoch mitnehmen und in Sichtweite anbinden. Der Warteplatz sollte sicher und für Sie schnell erreichbar sein. Üben Sie mit Ihrem Hund zunächst das Warten (→ Seite 48), und beginnen Sie in ablenkungsarmer Umgebung. Dann steigern Sie den Schwierigkeitsgrad. Am besten trainieren Sie erst einmal ohne Kind am Spielplatz: anfangs, wenn der Platz leer ist, dann wenn andere Kinder da sind, zuletzt mit dem eigenen Kind – denn das ist für Ihren Hund eine besonders schwierige Situation, getrennt von »seiner« Familie! Idealerweise nehmen Sie für das Training eine zweite Person mit, die sich z. B. um die Kinder kümmern kann, wenn Sie zum Hund zurückmüssen. Mehr als eine Spielplatz-Stunde sollten Sie aber auch einem geübten Vierbeiner nicht zumuten. Und lassen Sie ihn besser nicht im Eingangsbereich des Spielplatzes zurück. Begeisterte Kinder, aber auch hundefreundliche Erwachsene könnten ihn dort vielleicht beim vorbildlichen Warten »stören«.

1 Dabei sein ist alles! Dass der Vierbeiner nicht mit auf den Spielplatz darf, ist klar. Doch in Sichtweite angeleint geduldig warten, das stellt – mit etwas Übung – alle zufrieden (→ Bild 1). Sollte Ihr Hund winseln,

heulen oder bellen, weil er die Situation noch nicht gut erträgt, können Sie kurz abwarten, ob er sich von selbst wieder beruhigt. Ist dies nicht der Fall, gehen

1

Ich warte hier: Angeleint und ohne Stress, auch wenn die Familie weiter weg ist – das braucht etwas Übung!

Sie in seine Nähe und stellen sich mit dem Rücken zu ihm. So merkt er, dass Sie da sind, ohne jedoch für seine Unruhe mit Aufmerksamkeit belohnt zu werden. Ist der Frieden wieder hergestellt, probieren Sie es erneut, ihn allein warten zu lassen. Schafft er es immer noch nicht, gehen Sie abermals zu ihm, achten aber streng darauf, ihm den Rücken zuzukehren. Halten Sie immer gerade so viel Abstand, dass er es schafft, dabei zur Ruhe zu kommen. Schimpfen oder gut Zureden ist in jedem Falle kontraproduktiv.

Besser, Sie behalten den Hund und die Umgebung immer im Auge, um rechtzeitig reagieren zu können.

Der Hund ist angeleint und kann deshalb nicht artgemäß reagieren. Er braucht Ihren Schutz.

2 Selbst wenn Ihr Hund noch so vorbildlich auf Sie wartet: Behalten Sie ihn immer im Blick! Situationen, die Ihr sofortiges Eingreifen erfordern, sind beispielsweise andere Hunde (→ Bild 2), die sich Ihrem Vierbeiner unkontrolliert nähern könnten, oder eine fremde Person spricht ihn an. Oder er versucht, jemand anzuspringen oder anzubellen. Gehen Sie dann rechtzeitig zu Ihrem Hund zurück. Leinen Sie ihn wortlos ab, und führen Sie ihn aus der jeweiligen Situation heraus. Warten Sie, bis er sich wieder beruhigt hat. Eventuell hilft es, mit ihm langsam ein paar Schritte in »Bei mir«-Position umherzugehen, bevor Sie ihn dann wieder an seinen Warteplatz bringen und dort anbinden. Bleiben Sie noch einen Moment mit etwas weniger Distanz rückwendig zu Ihrem Hund stehen, dann gehen Sie wieder auf den Spielplatz.

3 Sollte ein fremder Hund aufdringlich werden, müssen Sie Ihren Vierbeiner schützen (→ Bild 3). Stellen Sie sich mit dem Rücken zu ihm vor den Störenfried. Ruft der andere Besitzer darauf nicht von selbst seinen Hund zurück, bitten Sie ihn freundlich darum. Leistet er dem Folge und es bleibt alles ruhig, gehen Sie entspannt wieder auf den Spielplatz. Sollte sich die Situation jedoch erkennbar ungünstig entwickeln, leinen Sie den eigenen Hund ab und führen ihn ein Stück weit fort. Voraussetzung ist allerdings, dass in der Zwischenzeit eine Person Ihres Vertrauens auf das Kind am Spielplatz aufpasst. Überlassen Sie es jedenfalls nicht Ihrem Hund, in einer schwierigen Situation irgendwie selber klarzukommen. Er entscheidet dann aus der Not heraus und gewöhnt sich womöglich ein problematisches Verhalten an.

ÜBUNG 20
»KEIN PÖBELN BEI HUNDEBEGEGNUNGEN«

Natürlich sind in der Stadt auch andere Hunde unterwegs. Kein Grund zur Sorge, sollte man meinen, aber gerade an der Leine kann es eben doch Ärger geben, z. B. wenn einer der beiden – oder beide – nicht gelernt haben, bei einer solchen Begegnung gelassen zu bleiben (→ Info unten). Wenn Sie ständig eine Hundepöbelei befürchten müssen, wird das Ihre Stadtlaune wahrscheinlich einigermaßen beeinträchtigen. Deshalb lohnt es sich auf jeden Fall, dieses Problem mit dem eigenen Vierbeiner entschlossen anzugehen. Denn diesen Stress braucht wirklich keiner.

1 Das ist perfekt: Beide Hunde – und auch ihre Menschen – sind entspannt und reagieren gar nicht auf den jeweils anderen. Die Hunde gehen auf der voneinander abgewandten Seite. Das macht den relativ geringen Abstand zwischen den beiden tragbar und sorgt für Ruhe und Entspannung (→ Bild 1).

1

Stressfrei für alle: Beide Hunde werden auf der abgewandten Seite geführt, in entspannter »Bei mir«-Position.

WARUM DIE AUFREGUNG?

Vielleicht durfte ein junger Hund zu jedem anderen Artgenossen hinziehen, später dann plötzlich nicht mehr. Das frustriert und kann zu Aggressionsverhalten werden. Ein Hund, der nicht gelernt hat, Begegnungen an der Leine gelassen zu nehmen, baut mit Pöbeln vor. Wurde er schon mal attackiert, entscheidet er sich ebenfalls für die Flucht nach vorn. Meist ist die Nähe des Besitzers ausschlaggebend, der als Verstärker an straffer Leine Rückendeckung gibt.

2 Wenn Sie bemerken, dass ein anderer Hund Ihrem Vierbeiner nicht gelassen begegnet und in seine Richtung zieht oder ihn anstarrt (→ Bild 2), reagieren Sie. Ebenso, wenn Ihr eigener Hund es ist, der dieses Verhalten zeigt. In beiden Fällen machen Sie sofort die Aufmerksamkeitsübung (→ Seite 50). Halten Sie extragute Leckerlis bereit, die es nur in speziellen Situationen wie diesen gibt. Sobald sich Ihr Hund von seinem Artgenossen abwendet, gibt es ein Lob (aber erst dann!) und eine Belohnung. Anschließend gehen

*Der Rüde ist aufdring-
lich. Die Aufmerk-
samkeitsübung
unterstützt die Hündin
beim Gelassenbleiben.*

*Auf der abge-
wandten Seite
fühlt sie sich
besser, da kann
der andere noch
so schauen ...*

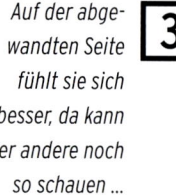

*Nicht ganz fair. Doch mit
lockerer Leine geht's.*

Sie mit Ihrem Vierbeiner ruhig aus der Situation heraus. Sollte er sich dabei noch einmal umschauen, machen Sie die Aufmerksamkeitsübung erneut. Wiederholen Sie die Übung so lange, bis die Situation wieder entspannt ist. Wichtig ist, dass Sie ruhig bleiben und nicht laut werden, sondern entspannt und souverän auf Ihren Hund wirken. Nur keine Aufregung vermitteln! Das stimmliche Lob gibt es wirklich erst, wenn Ihr Hund sich tatsächlich vom anderen abwendet.

3 Ihr Hund soll lernen: Andere Hunde an der Leine und in einer gewissen Distanz sind nicht direkt bedrohlich. Das begreift er, wenn Sie bei solchen Begegnungen immer gleich die Aufmerksamkeitsübung durchführen, bevor er ängstlich oder aggressiv reagiert. Denn ist er schon »außer sich«, würden Sie ihn mit der Übung sogar noch dafür belohnen. Wenn die Situation schon (leicht) eskaliert ist, hilft am besten, ruhig aus der Situation herauszugehen. Wenn Sie rechtzeitig erkennen, dass sich eine schwierige Situation ergeben könnte, nehmen Sie Ihren Hund auf die abgewandte Seite (splitten, → Seite 31) und gehen in genügend großem Abstand (größer als in Bild 3) und in einem leichten Bogen an dem anderen Hund vorbei. Ihr Vierbeiner geht dabei in »Bei mir«-Position (→ Seite 28).

4 Das passiert des Öfteren: Der eigene Hund ist an der Leine, ein frei laufender Artgenosse kommt heran (→ Bild 4). Hat Ihr Vierbeiner kein Problem mit so einer Begegnung oder ist noch sehr jung oder gar Welpe, können Sie die Leine einfach locker lassen. Achten Sie jedoch darauf, dass sie locker bleibt (kein Zerren oder Ziehen). Sofern die Kontaktaufnahme harmonisch verläuft, machen Sie gleich im Anschluss trotzdem die Aufmerksamkeitsübung, loben und belohnen Ihren Hund und gehen dann weiter. Damit erreichen Sie, dass Ihr Vierbeiner mit seiner Aufmerksamkeit wieder bei Ihnen ist und nicht etwa versucht, dem anderen hinterherzustarren oder zu ziehen. Sollten Sie den eigenen Vierbeiner doch aus der Situation herausnehmen müssen, weil er Stress macht, achten Sie darauf, dass der andere Hund nicht zwischen Sie beide gerät. Sie könnten Ihre Kontrollfunktion dann kaum mehr wahrnehmen. Falls Sie mit Brustgeschirr unterwegs waren, hängen Sie die Leine nun kommentarlos ins Halsband um. Damit signalisieren Sie, dass es jetzt ohne Privilegien weitergeht. Ist für Sie von vornherein abzusehen, dass die Begegnung sehr wahrscheinlich ungut verlaufen wird, gehen Sie so rechtzeitig wie möglich aus der Situation heraus und bitten den anderen Hundebesitzer höflich darum, seinen Hund wegzunehmen. Häufig kommen dann Einwände, mal mehr, mal weniger freundlich. Bleiben Sie bei Ihrer verbindlichen Bitte. Damit entstressen Sie die Situation am besten.

WEIL ES SO TOLL WIRKT

Ein Hund, der bellt, lernt: Ich »brülle«, der andere verzieht sich – ein super Erfolg! Das nächste Mal lege ich am besten noch ein bisschen früher los … Und so beginnt die Pöbelei aus immer weiterer Entfernung. Deshalb: Reduzieren Sie die Gelegenheiten deutlich. Die wichtigsten Strategien sind Aufmerksamkeitsübung, Splitten, Distanzvergrößern (evtl. die Straßenseite wechseln). Und die Übung »Bei mir«, denn dabei orientiert sich Ihr Hund an Ihnen und hält nicht vorn Ausschau nach Widersachern.

CITY-DOG MAL ZWEI:
DAS WIRD IHR GLANZSTÜCK

Sie haben zwei Hunde und wollen in die Stadt? Das ist vor allem eine Frage des richtigen Trainings. Öfter mal mit nur einem Hund üben, dann klappt es auch im Doppelpack.

Erst mal einer allein: »Bei mir«-Training. Zu zweit auf einer Seite sollte der souveränere Hund außen gehen.

Wer es noch nicht ausprobiert hat, dem wird bestimmt schon bei der Vorstellung ganz anders: Stadttrubel, und das mit zwei Hunden an der Leine! Wer es ausprobiert hat, weiß: Eine perfekte duale Ausbildung ist alles. Dafür brauchen Sie Zeit, Planung – und Nerven. Falls Sie also noch vor der Entscheidung stehen, ob Sie Ihrem geliebten Vierbeiner einen zweiten Hund an die Seite geben, überlegen Sie genau: Haben Sie die Zeit dafür, oft genug auch mit jedem Hund einzeln zu trainieren? Das ist eine wichtige Voraussetzung, damit jeder der beiden Hunde zu Ihnen die stärkste Bindung aufbaut (und nicht untereinander). Und es ist wichtig dafür, dass sich der bereits gut ausgebildete Hund nichts Falsches abguckt vom Trainee. Das können einfach nur lästige Marotten sein, aber auch Ängste oder gar Aggressionsverhalten. Sie müssen also definitiv mehr planen, wenn Sie aus beiden angenehme Begleiter machen wollen: Was übe ich wann mit wem? Wie schaffe ich es, dass beide zu ihrem Recht kommen? Und Sie brauchen Nerven: Hunde im Doppelpack entwickeln oft eine ganz andere Dynamik als Solisten. Vor allem, wenn die beiden sich richtig gut verstehen, macht vieles zu zweit einfach viel mehr Spaß: jagen, andere Hunde ärgern, bellen und sogar abhauen.

Wachsam bleiben: Auch mit geübten, sicheren Hunden kann das »Bleib« an der Straße eine Herausforderung sein.

rigen Situationen entstehen. Wenn einer beispielsweise den Kontakt zu anderen Hunden noch sehr üben muss, dann wählen Sie für Runden mit beiden Zeiten und Routen, die möglichst begegnungsarm sind, und gehen dabei besser einen Bogen um andere Hunde. Ansonsten ist die Gefahr tatsächlich groß, dass der eigentlich Souveräne sich das hektische Gehabe vom Ungeübten abschaut.

- **Belohnen: Immer »Gib zwei«?** Einer von beiden hat eine Aufgabe von Ihnen bekommen oder hat gerade etwas gut gemacht. Wenn der andere dabei brav blieb und es nicht ausgenutzt hat, dass Sie sich einen Moment mehr auf den anderen Hund konzentriert haben, dann haben beide ein Leckerli verdient. Soll doch nur einer belohnt werden, ignorieren Sie den anderen währenddessen, also auch nicht anschauen. Die nächste Gelegenheit, sich ein Lob (und Leckerli) zu verdienen, kommt bestimmt.

DIE WICHTIGSTEN TIPPS FÜR IHR ZWEIER-TEAM

- **An einer oder an zwei Seiten?** Wenn jeder der Hunde bereits gut an lockerer Leine geht und die zwei entspannt miteinander sind, dann kann man sie gemeinsam auf einer Seite laufen lassen; der Souveränere geht am besten außen, denn an ihn kommt man zu Korrekturzwecken kaum heran. Sind beide im Training oder einer braucht noch viel Hilfe, dann ist es sinnvoller, jeden auf einer Seite laufen zu lassen, und zwar immer auf der gleichen. Prinzipiell muss das ruhige Begleiten aber mit beiden Hunden jeweils für sich geübt werden (→ Seite 74).
- **Einer lernt, der andere muss mit**: Sind Sie mit beiden Hunden unterwegs, sollten diese in der Lernphase Leine und Brustgeschirr tragen. Wer gerade übt (z. B. »Bei mir«, → Seite 28), hat die Leine am Halsband, der andere läuft am Geschirr mit.
- **Wenn der Trainingsstand unterschiedlich ist**: Dann sollten Sie eine Weile lang gemeinsame Touren nur so unternehmen, dass möglichst keine allzu schwie-

→ Seite 74 · → Seite 28

WANN DER ZWEITE?

Der beste Zeitpunkt für die Anschaffung eines zweiten Hundes ist, wenn Sie Ihren ersten Hund bereits sicher und souverän erzogen haben. Denn dann hat der Neuzugang ein gutes Vorbild. Allerdings darf das nicht zu Lasten des Ersten gehen. Genügend Einzeltrainings mit dem Neuen gewährleisten, dass Ihr »Meister« sich in seinen Kompetenzen nicht vom Azubi verunsichern lässt. Das gemeinsame Stadttraining sollten Sie besonders gründlich vorbereiten und erst dann gemeinsame Zeit in der City verbringen, wenn deutliche Sicherheit erreicht ist.

ÜBUNG 21
»HUNDEBEGEGNUNG IM FREILAUF LESEN LERNEN«

Raus ins Grüne, das gibt es zum Glück auch in vielen Städten. Große und kleine Parks, Stadtwälder, Flusslandschaften, Grünanlagen – wer einen Hund hat, kennt sich aus. Trotzdem sollte man einfach mal im Internet auf Entdeckungstour gehen in der eigenen Region, da findet man oft noch so manche Anregung. Und wichtige Infos: Denn Grün allein macht Hund und Halter ja noch nicht glücklich. Idealerweise sollte es dort auch möglich sein, den Hund von der Leine zu lassen. Manchmal ist das nur in einigen Abschnitten einer großen Anlage erlaubt. Oder umgekehrt: Gewisse Bereiche, einzelne Liegewiesen im Sommer beispielsweise, sind für die Vierbeiner verboten. Das sollte man dann auch respektieren und sich nicht darüber hinwegsetzen. Bauen Sie solche Tabu-Zonen in Ihr Trainingsprogramm ein, z.B. für das Signal »Raus« (→ Seite 37). Denn wie in der Übung »Leine los« erläutert (→ Seite 35), braucht auch der Freilauf mit dem Hund eine gewisse Struktur und sollte kein regelloses Umherstreunen sein, immer mit der Gefahr, dass es zu Zwischenfällen kommt. Zum Beispiel bei unangenehmen Begegnungen mit Hunden, die irgendwie auf Krawall gebürstet sind. Oder, besonders anstrengend: Der eigene Hund hat im Freilauf derart Stress mit anderen, dass man es kaum noch wagt, ihn von der Leine zu lassen, und entsprechend angespannt durch das »Erholungsgebiet« läuft, immer auf der Lauer, ob da irgendwo ein Hund kommt ... Das widerspricht sicher völlig dem, was man sich immer so schön vorgestellt hat: Einfach mal mit seinem Hund losmarschieren, gemeinsam Spaß haben, das Zusammensein in der Natur genießen. Wenn das noch nicht so richtig klappt, sollten Sie Ihren Hund gut »lesen« und entsprechend reagieren können.

Eine typische Situation, die oft nicht ganz stressfrei verläuft: Die Rüden umkreisen sich mit angespannter Körperhaltung, um sich zu beschnuppern.

1 Zwei Rüden begegnen sich. Beide haben die Ruten oben und umkreisen sich mit angespannter Körperhaltung (→ Bild 1). Der rechte Dackel (er ist der Jüngere) ist etwas unsicherer, das verraten seine leicht angelegten Ohren. Seine Körperhaltung ist geringfügig weicher und nicht ganz so offensiv in Richtung anderer Dackel gerichtet. Optimal würde es laufen, wenn beide kurz aneinander schnuppern und dann wieder auseinandergehen. Weniger gut: Einer knurrt oder versucht, seinen Kopf auf den anderen aufzulegen, aufzureiten oder ihn am Weggehen zu hindern. Das könnte den zweiten zu einem Angriff verleiten.

2 Die erwachsene souveräne Hündin schaut den Junghund an, macht sich etwas größer und hebt die Rute an, als dieser näher kommt (→ Bild 2). Sie wendet sich ihm aber nicht zu, sondern bleibt auf ihrem Kurs. Klare Ansage für den Jüngeren: Bis hierhin und nicht weiter. Der Junghund legt die Ohren an, verlangsamt sein Tempo und wendet sich später ab. Diese Situation haben die beiden perfekt gelöst: Kontakt unerwünscht, signalisiert die Hündin, der Junghund versteht und bleibt in respektvollem Abstand.

3 Ein einzelner Hund begegnet einer Gruppe von Artgenossen (→ Bild 3). Das ist eine anspruchsvolle Situation für ihn. Wenn Sie nicht sicher sind, ob

Ihr Vierbeiner das einfach so wegsteckt, umgehen Sie die Begegnung ruhig in einem weiten Bogen. Gruppendynamik spielt eine große Rolle. Wenn Hunde in einer Gemeinschaft nicht gut unter Kontrolle sind, dann kann es passieren, dass einer den Modus vorgibt – z. B. bellt – und alle anderen bellen mit. Oder einer beginnt zu mobben, die anderen machen mit. Diese Dynamik kann bis hin zu einer Attacke gehen, die schließlich alle auf den Plan ruft. Mit einem Hund, der seinen Kollegen gegenüber ängstlich ist, sollte man ruhig und entspannt einen

2

Bleib auf Distanz, sagen der Blick und die hohe Rute der Hündin links. Das ist eine klare und unmissverständliche Ansage.

Bogen um jeden Vierbeiner gehen. Anfangs noch an der Schleppleine, später, wenn der Hund die Sicherheit des Bogengehens erkannt hat, auch ohne. Gestalten Sie den Bogen die ersten Male so groß, dass Ihr Hund möglichst stressfrei bei der Begegnung bleibt. Wird er mit der Zeit cooler, können Sie Ihre Kreise von Mal zu Mal etwas enger ziehen. Eine »Konfrontationstherapie« mit immer wieder schlechten Erfahrungen hilft in der Regel nicht. Ein leichter Bogen ist in jedem Fall das Sinnvollste, weil eine fron-

---

REGELN BEIM FREILAUF

Wollen Sie entspannt spazieren gehen oder »gegangen werden«? Für Ersteres sollten Sie sich mit Ihrem Hund in ein paar Dingen einig sein: Sein Radius beim Freilauf liegt bei zehn bis 15 Metern (erwachsener Hund). Er muss immer mal wieder Blickkontakt und Nähe zu Ihnen suchen (→ Seite 28). Freilauf gilt als Privileg: Benimmt er sich gut und ist z. B. schön an lockerer Leine gegangen, darf er frei laufen. Andernfalls entziehen Sie ihm das Privileg für eine Weile. Das Signal »Raus« sollte er zuverlässig beherrschen.

Rücksicht besteht darin, ebenfalls anzuleinen, wenn ein anderer Hund an der Leine ist.

Keine einfache Situation: So eine Hundegruppe kann eine eigene - ungute - Dynamik entwickeln.

tale Begegnung in Hundeaugen eine Bedrohung ist. Sollte Ihr Vierbeiner gegenüber anderen Hunden grundsätzlich aggressiv sein oder sich leicht provozieren lassen, z. B. durch Knurren, nehmen Sie besser professionelle Hilfe in Anspruch. Dann können Sie unter Anleitung des Experten Strategien üben, die auch Ihnen die Unsicherheit und den Stress nehmen.

4 Ein Hund ist an der Leine, der andere läuft frei und kommt Ihnen entgegen (→ Bild 4). Falls Sie der Leinen-Mensch sind: Lassen Sie sich nicht irritieren, wenn andere Sie ansprechen, warum denn wohl, und hier sei es doch erlaubt, und die beiden könnten doch schön spielen … Sie werden schon Ihre Gründe haben. Und davon sollten Sie auch umgekehrt ausgehen, wenn Ihr Hund der Freiläufer ist und Sie einen Pas-

santen mit angeleintem Vierbeiner treffen. Einfach Rücksicht nehmen, den eigenen Hund zu sich rufen und bei sich behalten oder, wenn das noch nicht gut klappt, besser anleinen. Das ist auch angesagt, wenn Sie an Kindern, an einer Picknick-Gruppe, an unsicheren Menschen etc. vorbeikommen. Übrigens: Wenn Hunde aneinandergeraten, ist gelegentlich noch immer der Satz zu hören: »Das machen die schon unter sich aus.« Falsch: Eine Auseinandersetzung oder ein zu wildes Spiel geht immer zu Lasten des Schwächeren und Sensibleren. Deshalb: Unangemessenes Verhalten des eigenen Hundes unterbinden. Gegenüber einem Junghund oder Welpen, der ihn »nervt«, darf er zwar knurren, aber nicht mit Verletzungsabsicht attackieren. Lieber einmal zu früh aus einer angespannten Situation herausgehen als einmal zu spät.

ÜBUNG 22
»HUNDE IM RESTAURANT«

Es gibt sie, diese lässigen Typen, die an lockerer Leine mit ins Bistro schlendern, einen coolen Blick in die Runde werfen und dann mit einem langen Seufzer neben Herrchen oder Frauchen auf den Steinboden sinken – bis es wieder heimgeht. Kein Muckser, kein Betteln, nichts. Der ideale »Ich komme mit«-Hund. Ihrer ist noch nicht ganz so weit? Dann gibt es wahrscheinlich ein paar Dinge, die er mit Ihnen trainieren sollte. Zum Beispiel ruhiges Warten. Kann er das noch nicht, gibt es eine Übung dafür (→ Seite 48), die für viele (Stadt-)Situationen praktisch ist. Das verwendete Signal hierbei – Sie stehen mit einem Fuß auf der Leine – verwenden Sie später auch im Restaurant, wenn Sie dort mit ihm geduldiges Dabeisein üben. Doch zunächst wird daheim trainiert.

Stellen Sie sich zunächst in Ihrer Wohnung auf eine 2-Meter-Leine, wie in der Übung »Warte« beschrieben. Die Leine hängt leicht durch, der Hund hat genügend Bewegungsfreiheit zum Sitzen, Stehen, Liegen. Sobald Ihr Vierbeiner es schafft, einige Minuten ruhig zu bleiben – Position egal – loben und belohnen Sie ihn ruhig. Er soll dabei nicht gleich wieder aufspringen! Wenn das einige Male an unterschiedlichen Tagen gut geklappt hat, üben Sie als Nächstes an einem Tisch in Ihrer Wohnung. Falls es für Ihren Hund eine Bannmeile um den Essbereich gibt, nehmen Sie einen anderen Tisch, auch der niedrige im Wohnzimmer geht. Wenn es nicht klappt, gehen Sie eine Trainingsstufe zurück (im Stehen, kürzere Dauer).

Läuft alles gut, üben Sie bei Freunden und schließlich im Restaurant zu einer Uhrzeit, in der dort kaum etwas los ist, z. B. gegen 11 Uhr oder kurz nach dem

Die Hündin ist es gewohnt, geduldig zu warten. Bleibt sie auch bei einer Hundebegegnung entspannt, gibt es eine Belohnung.

Mittagessen. Anschließend mit immer mehr Ablenkung üben. Sie können für das Training auch eine spezielle Decke verwenden; falls der Hund sich aber nicht darauflegt, akzeptieren Sie das. Wählen Sie im Restaurant etc., wenn möglich, einen Platz, der nicht mittendrin ist im Geschehen. Ihr Hund soll entspannt und unauffällig unter oder dicht an Ihrem Tisch liegen (→ Bild 1). Manche haben mit keiner Bodenart ein Problem, andere stehen lieber drei Stunden, bevor sie sich auf einen Fliesen- oder Steinboden legen.

Dann sollten Sie die Decke nicht vergessen und genau zu diesem Zweck immer griffbereit haben. Binden Sie die Leine nie an ein Stuhlbein oder ähnlich bewegliche Gegenstände; Hunde entwickeln in Panik oder Aggression eine große Kraft. Am besten haben Sie die Leine immer griffbereit bei sich.

Damit auch noch ein zweiter (oder dritter ...) Gast mit Hund im Biergarten etc. sein »darf«, sollte Ihr Vierbeiner keinerlei Stress haben mit Hundebegegnungen. Das ist die wichtigste Voraussetzung dafür, dass Sie ihn ohne Risiko mitnehmen können (→ Tipp). Sollte er Ihrer Erfahrung nach evtl. verunsichert reagieren, machen Sie vorbeugend die Aufmerksamkeitsübung (→Seite 50), wenn ein anderer Hund vorbeikommt und sofern es dort möglich ist. In einem nicht zu vollen Biergarten kann das z. B. gut klappen.

BEI STRESS NICHT MIT

Wenn Ihr Vierbeiner mit anderen »nicht gut kann«, sollten Sie es auf eine Hundebegegnung im Restaurant nicht ankommen lassen. Eventuell kommt dort noch eine territoriale Aggression dazu, weil Sie länger sitzen, essen ... Damit überfordern Sie den Hund, sich selbst, die anderen Gäste und das Personal. Geben Sie Ihren Wunsch nach solchen Aktionen aber nicht gleich auf. Ihr Hund braucht Strategien, um sich von seiner bewährten Reaktion »Ich gehe voll nach vorn, dann weicht der andere zurück« zu lösen. Wenn er neue Wege kennenlernt (→ Seite 85) und diese mit Ihnen vertrauensvoll üben kann, klappt es bald auch mit einem Restaurantbesuch in Hundebegleitung.

Die Aufmerksamkeitsübung aber wirklich nur dann durchführen, wenn er noch nicht knurrt oder Ähnliches. Falls er Aggressionsverhalten zeigt, verlassen Sie sofort ruhig das Restaurant (nicht schimpfen, nicht an der Leine zerren) und gehen draußen eine Runde konzentriert »Bei mir« mit ihm (→ Seite 28). Dabei gibt es keine Privilegien, keine Aufmerksamkeitsübung, kein nettes Ansprechen, kein Lob. Einfach ungerührt einige Schritte mit ihm »Bei mir« gehen und dann in das Lokal zurückkehren. Am besten sprechen Sie dieses Vorgehen mit Ihren Freunden (Familie etc.) ab, damit erstens keine Verwunderung entsteht über Ihren plötzlichen Abgang und zweitens niemand einen Kommentar abgibt, weder, wenn Sie rausgehen, noch, wenn Sie wieder reinkommen. Diese stumme Selbstverständlichkeit Ihrer Reaktion hat eine sehr große Wirkung auf Ihren Hund.

Achten Sie darauf, einen anderen Hund nicht zu nah an Ihren herankommen zu lassen, auch wenn Ihr Vierbeiner ein Tipptopp-Restaurantbegleiter ist. Beide sind an der Leine, die Situation ist eng, evtl. kommt Ihr Hund doch auf die Idee, den Platz um Ihren Tisch herum als gemeinsames Territorium zu betrachten. Oder der zweite Hund wird unangenehm und bringt Ihren in die Klemme. Bitten Sie den anderen Hundebesitzer freundlich, im Restaurant keine Begegnung zuzulassen. Leider ist auch dringend Zurückhaltung angesagt, wenn Sie einen Welpen dabeihaben: Natürlich sind alle entzückt. Doch wenn Sie ihn jetzt überall hinziehen lassen, lernt der junge Hund genau das: Ich ziehe los, wohin ich mag. Später findet das kaum mehr jemand niedlich. Oder aber Ihr junger Hund macht die unangenehme Erfahrung, dass ihn dauernd jemand anfassen möchte; das kann ängstigen. Gehen Sie mit einem Welpen oder Junghund am besten nur dann ins Café, wenn er recht müde ist, z.B. nach der Welpenspielstunde.

ÜBUNG 23
»NICHT JAGEN«

Das ist richtig gefährlich: Ihr Hund hat im Straßenverkehr ein »Jagdobjekt« auserkoren. Ob Motorrad, Auto, Straßenbahn, vielleicht auch Jogger oder Fahrradfahrer – jedenfalls etwas, was sich von ihm wegbewegt. Und völlig unerwartet rast er hinterher. Zum Glück haben Sie ihn an der Leine, doch passieren kann trotzdem genug.

dass er dieses Verhalten immer häufiger zeigt, immer früher, also aus weiterer Entfernung damit beginnt, und das evtl. nicht nur an der Leine, sondern sogar im Freilauf. Oder Ihr Hund hat einfach Spaß am Rennen und lässt sich von schnell Vorbeirasendem zum Mitmachen anstecken. Vielleicht hat er aber auch eine schlechte Erfahrung gemacht, mit einem Fahrrad z. B., dem er in die Quere gekommen ist. **Wichtig:** Jagen – und das ist jedes Verhalten des Hinterherrennens – ist extrem selbstbelohnend. Deshalb ist die allerwichtigste Regel, ab sofort dafür zu sorgen, dass es keine weiteren »Erfolge« gibt. Auch wenn das bedeutet, dass Sie erst einmal nur noch in Wald und Wiese mit ihm spazieren gehen ... Parallel dazu ist konsequentes Training angesagt.

1 *Das Beschnuppern ist für Hunde eine der wichtigsten Möglichkeiten, Fremdes zu erkunden.*

Es gibt mehrere Motive für dieses Verhalten. Wenn der Hund eher ängstlich ist, bellt und springt er womöglich auf das Objekt zu. Und tatsächlich: Das Ding flieht! Dieser vermeintliche Erfolg führt dazu,

2

Der Hund soll keine »Jagderfolge« mehr haben. Dafür den Übungsort passend auswählen: zunächst völlig reizarm, dann langsam die Ablenkung steigern.

1 In jedem Falle sinnvoll: Der Hund darf das »Ding«, das ihn zum Hinterjagen verleitet, in aller Ruhe erkunden. In Bild 1 (→ Seite 95) ist ein Motorrad gezeigt, es kann aber auch ein Auto sein. Vor allem ängstliche Vertreter verlieren so etwas von ihrer Skepsis. Geben Sie Ihrem Vierbeiner in jedem Falle häufiger Gelegenheit dazu. Ideal ist, wenn er verschiedene Modelle kennenlernt; und das nicht etwa zwecks Kaufentscheidung, sondern um eine breite Musterpalette parat zu haben: »Kenn' ich, das ist auch so ein Ding.« Sie selber geben sich gleichfalls interessiert, beachten Ihren Hund dabei aber überhaupt nicht, schauen nicht vom Objekt zu ihm, kommentieren nicht, loben nicht, beruhigen nicht. Für den Hund ist wichtig: Völlig harmlose Situation, die wir zwei hier erkunden.

2 Hier ist heute nicht viel los: Wenn Sie das Gefühl haben, das unbewegte »Jagdobjekt« (z. B. Auto) irritiert Ihren Hund nicht mehr, üben Sie in einer ruhigen Situation, sonntags vielleicht oder in einer Nebenstraße, wo wenig Aufregendes vorbei flitzt. Üben Sie dort »Bei mir« (→ Seite 28), machen Sie die Aufmerk-

3

Nun kann er wieder entspannt auf abgewandter Seite »Bei mir« gehen. Auch kleinste »Rückfälle« mit der Aufmerksamkeitsübung abfangen!

ÖFTER MAL WAS TUN

Ein Hund, der unterwegs entsprechend ausgelastet wird, hat oft weniger Energie frei, um auf »dumme Gedanken« wie Auto-Jagd etc. zu kommen. Deshalb macht es Sinn, hin und wieder eine kleine Alltagsaufgabe einzubauen: Trainieren Sie öfter mal ein Halten am Gehweg, ein Parken zwischen den Beinen oder bauen Sie beim Freilauf im Park kleine Richtungswechsel ein, die ihm größere Aufmerksamkeit abverlangen. Die ideale Beschäftigung für zwischendurch!

samkeitsübung (→ Seite 50), und trainieren Sie das Bogengehen (→ Seite 74), wo das möglich ist (z. B. um ein geparktes Auto). Notfalls vergrößern Sie die Distanz, wenn Ihr Vierbeiner das noch nicht leisten kann. Belohnen Sie mit sehr guten Leckerlis, erstens, wenn Ihr Hund Sie bei der Aufmerksamkeitsübung anschaut, und zweitens, weil er trotz passierender Autos ruhig und entspannt bleibt (→ Bild 2, Seite 95).

3 Wenn das alles gut klappt, also ohne dass der Hund auf das Jagdobjekt reagiert, steigern Sie die Anforderungen. Aber immer nur so, wie es Ihr Vierbeiner noch leisten kann! Und auch abhängig davon, welche Situation ihn am meisten herausfordert: Manche Hunde reagieren z. B. nicht, wenn viele Autos hintereinander fahren, doch wenn eines davon besonders schnell ist, dann löst das bei ihnen das Jagdverhalten aus. Ihr Hund soll in »Bei mir«-Position auf der abgewandten Seite gehen und immer mal wieder einen Blickkontakt geben (→ Bild 3). Im Notfall die Aufmerksamkeitsübung durchführen. **Wichtig:** Reagieren Sie auch auf die kleinsten Anzeichen von Jagdtrieb mit den entsprechenden Übungen, sonst fällt der Hund sehr schnell wieder in alte Verhaltensmuster zurück.

ÜBUNG 24
»GANZ ENTSPANNT MOBIL«

Ein Busfahrer, der gerade Pause macht, das ist »Ihr« Mann. Jedenfalls, wenn er kooperativ ist und Sie mit Ihrem Vierbeiner noch in der Trainingsphase sind. Eine freundliche Anfrage – »Dürfen wir zwei mal Ein- und Aussteigen üben?« – wird bestimmt oft gern mit einem überraschten »Warum nicht!« beantwortet, vielleicht noch mit dem Hinweis »Ich fahre aber in drei Minuten …«. Wunderbar, das passt!

DER REISENDE HUND

*Die Deutsche Bahn tut sich nicht leicht mit vierbeinigen Fahrgästen. Allen Reisenden gerecht zu werden, ob Hundefreund, Hundeallergiker oder Hundeängstlichem, bedarf tatsächlich einer gewissen Diplomatie. Ob das gelungen ist, beurteile jeder für sich. Die Regeln jedenfalls sind bindend: Ein Hund, der nicht in einem »geeigneten Behältnis« unterzubringen ist, zahlt den halben Fahrpreis 1. oder 2. Klasse. Dafür darf er dabei sein, unterm Sitz (Reservierung nicht möglich), wenn das passt, oder dicht bei Herrchen oder Frauchen. In der DB gilt Maulkorbpflicht, übrigens auch in vielen regionalen öffentlichen Nahverkehrsmitteln. Viele Hunde sind dennoch ohne unterwegs. Das kann akzeptiert werden – **aber:** Der Maulkorb muss dabei sein und auf Anweisung dem Hund angelegt werden.*

Ideal wäre es, wenn Ihr »Fahrschüler« sich schon so einiges Know-how für unterwegs aneignen konnte, bevor Sie ihn auf die erste Tour in Bus, Bahn oder Tram mitnehmen. Die Grundübung »Bei mir« hilft immer und überall (→ Seite 28). Ihr Hund orientiert sich in dieser Position an Ihnen und fühlt sich sicher. Der Seitenwechsel (→ Seite 31) macht flexibel und erleichtert gegebenenfalls verschiedene Ausweichmanöver. »Warten« (→ Seite 48) fällt Ihrem Hund leichter, wenn er es bereits trainiert hat, und für Sie ist es angenehm, nicht ständig den hin und her wuselnden Hund rufen zu müssen. Und das »Parken zwischen den Beinen« (→ Seite 53) ist die Sicherheitsnummer überhaupt: Anderen aus dem Weg, selber »safe« unter dem Bodyguard, da kann dem Vierbeiner wirklich nicht mehr viel Unvorhergesehenes passieren.

1 Sicher einsteigen: Üben Sie das in Ruhe in »Bei mir«-Position (→ Bild 1, Seite 98). Hierzu wie bereits erwähnt beim Busfahrer nachfragen, ob er die Möglichkeit dazu bieten kann und will. Es lohnt sich, ein ruhiges Ein- und Aussteigen zu trainieren, für alle Beteiligten. Falls Ihr Hund vorausgeht oder an der Leine zieht, bleiben Sie stehen, gehen ggf. wieder raus aus dem Bus und drehen noch einmal eine kleine Runde »Bei mir«. Dabei an der offenen Bustür vorbeigehen. Bleiben Sie auf Höhe der Tür stehen, dann den Hund belohnen und die Runde langsam fortsetzen. Für jeden Schritt »Bei mir« gibt es ein Leckerli, dann er-

Das ist sicher für alle: Der Vierbeiner steigt immer in der »Bei mir«-Position ein und auch wieder aus.

Das »Parken zwischen den Beinen« ist die perfekte Übung, wenn es mal eng werden sollte.

Auch den geübten Hund ab und zu belohnen.

neuter Versuch. Verweigert Ihr Hund den Bus ängstlich, kann es sinnvoll sein, das Einsteigen im Rahmen eines Stadttrainings mit einer Hundeschule zu üben.

2 Stellen Sie sich mit Ihrem Vierbeiner in einen leeren Bus, und üben Sie dort das »Parken zwischen den Beinen« (→ Bild 2). Wenn das gut klappt, folgt die nächste Stufe: Hierbei sollten einige dem Hund fremde Personen drum herum sein (deshalb evtl. mit Hundeschule). Trainieren Sie auch die Situation, dass Sie einen Sitzplatz haben und Ihr Hund zu Ihren Füßen sitzt oder sich ins »Platz« legt. Belohnen Sie zwischendurch, aber ohne überschwängliches Lob, damit er nicht aufsteht, bevor er das Auflösungssignal bekommen hat. Sollte ein anderer Hund hinzukommen und Ihrer diese Begegnung noch nicht leisten können (er versucht aufzustehen, starrt den Kollegen an, möchte weg ...), dann machen Sie in dem kleinen Radius dort die Aufmerksamkeitsübung. Sobald Ihr Hund sich entspannt hat, »parken« Sie ihn wieder.

3 Anfangs bekommt der Hund häufiger eine Belohnung (→ Bild 3). Aber wirklich nur in der Position, die Sie von ihm wollen, nicht etwa, wenn er zu früh wieder aufsteht. Und auch nur dann, wenn er ruhig und (relativ) entspannt ist. Ein Leckerli hat sich Ihr Hund zudem verdient, wenn er angesprochen wird und trotzdem ruhig liegen bzw. sitzen bleibt. Oder wenn ihm das gelingt, obwohl ein Kumpel in der Nähe ist.

Ob Vorschrift oder Vorsicht: Wer mit seinem Hund öfter in Bus und Bahn unterwegs ist, sollte ihn an einen Maulkorb gewöhnen. Denn nicht selten ist das in öffentlichen Verkehrsmitteln sogar vorgeschrieben (→ Info, Seite 97). Vielleicht reagiert Ihr Hund in engen Situationen auch noch nicht zuverlässig, dann bedeutet ein Maulkorb einfach Sicherheit.

Seltsamerweise erzielt dieser oft den gegenteiligen Effekt, nämlich die bange Frage: »Ist der gefährlich?« Dann tun Sie Hund und Mitreisenden sicher etwas Gutes, wenn Sie eine kurze Erklärung liefern: »Es ist hier Vorschrift, und es macht ihm nichts aus.« Oder: »Mein Hund lernt noch, und das Maulkorbtragen gehört dazu.« Was Sie sagen, ist oft gar nicht so wichtig. Doch dass Sie damit freundlich auf Ihr Gegenüber eingehen, kommt in aller Regel gut an.

MAL MIT MAULKORB

Gewöhnen Sie Ihren Hund in Ruhe an das gelegentliche Tragen eines Maulkorbs. Ideal ist ein Gittermaulkorb aus Leder oder Kunststoff in passender Größe. Darin kann der Hund hecheln und stößt mit der Nase nicht an. Auch Trinken ist damit möglich. Und so üben Sie: Legen Sie ein paar Leckerlis in den Maulkorb, und bieten Sie Ihrem Hund eine Runde Naschen daraus an. Dabei gewöhnt er sich an das fremde Objekt. Ein paar Tage später legen Sie ihm den Maulkorb an und belohnen ihn durch das Gitter mit Leckerlis. Falls er versucht, »das Ding« abzustreifen, halten Sie ihn sanft, aber bestimmt davon ab. Nehmen Sie den Maulkorb anfangs schon nach einem kurzen Moment wieder ab – aber nicht, wenn er sich gerade davon zu befreien versucht. Gestalten Sie diese kleinen Tragephasen allmählich immer länger, bis es ihm zur Gewohnheit geworden ist. Lassen Sie ihn mit Maulkorb aber niemals unbeaufsichtigt!

ÜBUNG 25 »BEGEGNUNGEN MIT ANDEREN STADTTIEREN«

Eichhörnchen, die in den Bäumen an der Straße herumturnen, Kaninchen auf Grünflächen, Enten und Schwäne auf dem Kanal – jedes Mal, wenn wir in der City ein Tier entdecken, beschert uns das einen kleinen freudigen Moment. Damit sich das nicht als Stress für die Stadttiere auswirkt, sollten Sie Ihrem Hund nicht erlauben, diese auch nur im Ansatz zu jagen. Das ist außerdem eine wichtige Sicherheitsvorkehrung für alle zwei- und vierbeinigen Städter.

1 Der Hund starrt an gespannter Leine die Gänse am Wasser an (→ Bild 1). Lassen Sie es so weit nach Möglichkeit gar nicht erst kommen. Schon beim allerersten Interesse für das jagdbare Tier reagieren Sie.

2 Jetzt ist eine gute Einschätzung Ihres Hundes gefragt: Kann er es noch leisten, sich wieder von dem Tier abzuwenden? Wenn ja, dann machen Sie mit ihm die Aufmerksamkeitsübung (→ Seite 50). Eventuell vergrößern Sie die Distanz und versuchen es aus weiterer Entfernung in Ruhe (→ Bild 2).

3 Für das Antijagdtraining sind besonders attraktive Leckerlis wichtig. Anfangs belohnen Sie Ihren Hund, sobald er sich vom potenziellen Jagdobjekt abwendet. Später gibt es erst etwas, sobald er Ihnen einen echten Blickkontakt gibt (→ Bild 3); dann sofort kurz loben – »Gut!« – und gleich danach die Futterbelohnung geben. Bleiben Sie dabei aufrecht und souverän in Ihrer Körperhaltung. **Wichtig:** Locken Sie Ihren Vierbeiner nicht mit der Belohnung. Halten Sie das Leckerli in der Hosentasche bereit oder eben so, dass Sie schnell herankommen. Aber Sie sollten es nicht sichtbar in der Hand haben.

Falls der Hund doch mal einem Tier hinterherjagt, leinen Sie Ihren Vierbeiner kommentarlos an und gehen idealerweise auf direktem Weg nach Hause. Dort wird er eine Weile ignoriert.

ICH WILL SPASS …

Bei fast allen Hunden gehört der Jagdtrieb zur genetischen Grundausstattung, mal mehr, mal weniger. Fast noch stärker hängt es von der »Linie« ab, aus der Ihr Hund stammt: Sind die Eltern- und Großelterntiere zur Jagd eingesetzt worden, hat auch er sehr wahrscheinlich eine hohe Neigung dazu. Das Verfolgen von Beute ist für Hunde selbstbelohnend. Deshalb verschaffen sie sich dieses Vergnügen immer wieder. Ideal ist, wenn ein Welpe bzw. Junghund gar nicht erst in Versuchung kommt. Das kann gut gelingen, wenn Sie Ihren jungen Hund entspannt an artfremde Tiere gewöhnen. In der Hundeschule werden solche Begegnungen gezielt trainiert (auch mit älteren Hunden).

Auch das zählt schon zum Jagen: ange-spannte Körperhal-tung und fixierender Blick. Unbedingt vorher handeln!

Trainieren Sie die Aufmerk-samkeitsübung zunächst ohne Ablenkung. Dann langsam steigern.

Ruhiges Mitgehen, Blick-kontakt: Leckerli!

SPIELEN
IN DER STADT

Trotzen Sie dem City-Stress öfter mal mit einem Spielchen zwischendurch. Das hat gleich mehrere positive Effekte: Es stärkt die Bindung zwischen Ihnen und Ihrem Vierbeiner. Wenn es entspannt abläuft, beruhigt es Hund und Mensch. Und es weckt die Lebensgeister. Nach einer kleinen Spieleinheit, ob Tauzerren oder ein Trick, ist die Motivation bei beiden wieder da – für ein Stadtleben mit Spaß.

KOPF FREI FÜR EIN KUNSTSTÜCK

Teamplay verbindet. Wenn's mit dem Hund in die Stadt geht, planen Sie ein oder zwei kurze Spieleinheiten ein. Erst zu Hause üben, dann auch unterwegs, mit steigender Anforderung, sicher und geduldig. Ihr Vierbeiner wird die City mit Ihnen lieben!

Warum das Spielen so schön ist, dass es wirklich alle Lebewesen auf der Welt tun, beschäftigt die Wissenschaft unablässig. Die einfachste Antwort kennen wir alle: weil es so viel Spaß macht. Die vielen, vielen Nebeneffekte, die die Forscher aufzählen, nehmen wir natürlich auch gern mit, weil wir dabei den Ernst des Lebens lernen. An (jungen) Hunden kann man das

WENN ALLES STIMMT

Ihr Hund läuft schon eine ganze Weile an lockerer Leine, der Rückruf im Freilauf hat geklappt: Das ist der ideale Zeitpunkt für eine Spielrunde. Alles entspannt drum herum? Dann vielleicht ein »Twist« (→ Seite 104) oder ein »Suche verloren« (→ Seite 109), und die Belohnung für den besten City-Dog der Welt ist perfekt.

〜〜〜〜〜〜〜

bestens beobachten: In Rangeleien erproben, wie man die eigenen Kräfte dosiert und dem anderen wirkungsvoll zeigt: »Bis hierhin und nicht weiter.« Die Umwelt erkunden ohne Gefahr. Alle Sinne abrufen für permanente Präsenz, schließlich werden sie oft genug von jetzt auf gleich gebraucht. Dem anderen versichern »Ich mag dich« und spüren »Ich werde ge-

ER SPIELT NICHT GERN …

… sagen manche Hundehalter mit Bedauern, weil sie spüren, dass ihrem Vierbeiner etwas Wichtiges entgeht. Tatsächlich, es gibt solche Hunde. So setzen Sie Impulse: Tun Sie so, als ob Sie selber mit etwas spielen, und schauen Ihren Hund nicht an dabei. Immer mal wieder, das animiert mit der Zeit.

mocht« - Basis für ein stabiles Selbstverständnis. Die eifrigste Spielnatur der Evolution ist der Mensch, der Hund folgt ihm dicht auf. Das mag an der Komplexität ihrer Lebenswelten liegen, die von der Struktur her - ein Leben in kooperierenden Verbänden - einander ähnlich sind. Noch ein Nebeneffekt ist Kreativität, sagt die Wissenschaft. Und die kann auch unseren Hunden dabei helfen, für knifflige Situationen - neu und/oder stressig - Lösungen zu finden.

GESUCHT UND GEFUNDEN: JEDE STADT HAT STILLE WINKEL

Zwei, die gern spielen, das lässt sich bestens nutzen für ein harmonisches Miteinander. Dabei geht es nicht etwa um Dauerbespaßung. Eine ständige Bereitschaft, auf den Hund einzugehen und alle seine Wünsche zu erfüllen, würde die geschilderten Effekte sogar schmälern. Spiel ist Belohnung, ist Motivation, ist gezielte Zuwendung - und braucht Rahmenbedingungen, um seine positiven Wirkungen auch voll entfalten zu können. In der Stadt sind das beispielsweise ruhige Plätzchen wie Parkanlagen und Freiflächen, die Sie für eine kleine Runde Spaßhaben ausfindig machen. Und dann darf gespielt werden!

ÜBUNG 26
»TWIST«

Mit »Twist« (engl. für Drehung) sorgen Sie mal eben für eine ganz besondere Belohnung. Dabei dreht sich der Hund einmal um die eigene Achse. Trainieren Sie zu Hause bis zur Perfektion. In der City üben Sie erneut in Etappen, anfangs möglichst ablenkungsfrei, dann steigern. Aber nicht öfter als zwei-, dreimal; ein paar Tage darf das Training schon dauern.

1 Zunächst wird die Hündin »an der Nase herumgeführt«, sie soll dabei nicht springen.

1 Ihr Hund steht an Ihrer Seite oder vor Ihnen, Sie haben ein Leckerli in der Hand. Halten Sie es ihm dicht vor seine Nase, und führen Sie ihn mit besagter Hand langsam in einem Bogen von sich weg (→ Bild 1). Die

Belohnung gibt es anfangs bereits, wenn er Ihrer Bewegung mit einer ersten Körperbiegung folgt. Führen Sie ihn dann immer weiter herum, bis er den Körper ganz mitnimmt in die Bewegung und wieder in der Grundposition vor oder an Ihrer Seite landet. Dickes Lob und Belohnung! Nun den Hund ohne Leckerli in der Hand leiten und aus der anderen belohnen, dazu das Wortsignal einführen: »Twist« bzw. »Dreh dich«.

2 Sie stehen zunehmend aufrecht und gehen mit der Hand weiter nach oben, bis diese den Dreh nur noch andeutet (→ Bild 2). Das Leckerli gibt es aus der anderen Hand. Sobald der Hund eine saubere Drehung zeigt, belohnen Sie erst, wenn er wieder in der Grundposition neben oder vor Ihnen angekommen ist.

2 Das Leckerli ist nicht mehr in der zeichengebenden Hand, diese geht zudem immer höher. Aus der anderen Hand kommt die Belohnung.

ÜBUNG 27
»TOUCH«

Irgendwo steht immer etwas herum! Wenn die Lage ungefährlich ist, schicken Sie Ihren Hund doch einmal hin, um das Objekt kurz zu berühren. Das geht sogar an der (2-Meter-)Leine, daran wird zunächst auch trainiert. Später ist es eine schöne Übung für den Freilauf im Park, dann aus größerer Entfernung. Sie brauchen einen Stab, egal ob glatter Stock aus der Natur oder gekauft (gibt es z. B. mit Clicker dran).

1 Anfangs lernt der Hund, den Stab zu berühren. Ziel: Diesen unten an der Spitze mit der Nase »touchen«

2 Mit dem Touchstab lernt der Hund das Berühren des Pfostens. Später geht es ohne.

1 *Bei Berühren ein kurzes »Gut«; das ist der Gutschein für eine Belohnung.*

(→ Bild 1). Den Stab einfach vor den Hund halten, nichts sagen. Sobald er ihn irgendwo berührt, sagen Sie sofort »Gut!« und belohnen ihn. Das Lob gibt es allmählich nur noch, je weiter die Hundenase nach unten rückt. Berührt Ihr Vierbeiner den Stab zuverlässig unten, führen Sie das Wortsignal ein - »Touch«.

2 Als Nächstes halten Sie den Stab mit der Spitze an ein Objekt (→ Bild 2) und geben das Wortsignal. Berührt Ihr Hund, verdient das ein »Gut« und ein Leckerli. Später lassen Sie den Stab nach und nach weg.

ÜBUNG 28
»WINK DOCH MAL«

Dieses lustige Kunststück lässt sich bestens in der Stadt abrufen, die Leine ist kein Problem dabei. Beim Freilauf im Park geht es natürlich genauso gut. Und für Ihren Hund ist es eine willkommene Gelegenheit, sich ein Leckerli zu verdienen. Üben Sie zunächst zu Hause, dann mit immer mehr Stadtambiente.

1 Sie haben ein Leckerli in der Hand und halten es an die Nase Ihres Vierbeiners. Einige Hunde zeigen daraufhin das Futterbetteln und gehen mit einer Pfote an die Hand (wie beim Milchtritt, Pfötchen ans Maul der Mutterhündin). Dafür gibt es sofort die Belohnung. Bietet der Hund das nicht von selbst an, warten Sie eine Weile und beobachten, ob eine Pfote ein klein wenig angehoben wird (→ Bild 1). Falls nicht, hilft ein Trick: Bewegen Sie die Leckerli-Hand leicht in irgendeine Richtung, der Hund folgt mit seiner Körperhaltung minimal. Dabei wird eine Pfote etwas mehr belastet, die andere etwas weniger. Die entlastete Pfote geht ein bisschen nach oben – und auf der Stelle (!) kommt das Leckerli aus der Hand. Das wiederholen Sie ein paarmal, bis der Hund den Zusammenhang verstanden hat.

Die Hand mit einem Leckerli vor die Hundenase halten. Lässt er sich animieren, die Pfote anzuheben, gibt es sofort die Belohnung aus der Hand.

WOZU IST DAS GUT?

Ihr Hund liebt es, mit Ihnen gemeinsam etwas zu unternehmen. Er unterscheidet dabei nicht, ob es sich um eine Alltagsübung wie »Sitz« handelt oder um ein »Kunststück«. Je komplexer die Übung, desto mehr wird sein Kopf gefordert – eine prima Auslastung, wenn mal nicht so viel Zeit fürs Gassigehen ist.

〰〰〰〰〰〰〰

2 Klappt es zuverlässig, lassen Sie die Pfote jedes Mal ein winziges Stückchen höher kommen. Erst dann geben Sie ein Leckerli. Das machen Sie so lange, bis der Hund die Pfote auf Ihre Hand legt. Dann geht die Hand mit dem Leckerli sofort auf (→ Bild 2). Trainieren Sie das einige Male, bis der Hund verstanden hat, dass er seine Pfote auf Ihre Hand legen soll.

In kleinen Übungs-
schritten immer
höher: Die Hand öffnet
sich, sobald ein Etap-
penziel erreicht ist.

3 Die Pfote berührt
die eine Hand,
die Belohnung
gibt es nun
schon aus der
anderen Hand.

4 Hin zum Winken: Die
Pfote schlägt ins Leere.

3 Für den nächsten Schritt machen Sie es genauso: Ihr Hund legt ein- bis zweimal seine Pfote auf Ihre Hand. Dann halten Sie diese ohne das Leckerli vor seine Nase. Legt er nun, wie zuvor, die Pfote an die Hand (→ Bild 3), kommt sofort ein kurzes Lobwort und die Belohnung - aber aus der anderen Hand.

4 Aus dem bisher Geübten soll ein Winken werden. Sie halten (in der Hocke) die Hand ohne ein Leckerli vor seine Nase, Ihr Hund hebt die Pfote - ein kurzes Lob, dann die Belohnung aus der anderen Hand. Das machen Sie ein- oder zweimal, er kennt es schon. Doch nun nehmen Sie die Hand vor der Nase ein wenig weiter zurück, sobald der Hund die Pfote anhebt (→ Bild 4), sodass er ins Leere schlägt. Loben und Belohnen - Pause. Dann wieder ein-, zweimal die Hand berühren lassen, beim 3. Mal soll die Pfote erneut ins Leere schlagen. Klappt es gut und der Hund ist nicht mehr verwirrt, weil er ins Leere schlägt, können Sie hierfür Ihr individuelles visuelles oder akustisches Signal dazunehmen. Das kann z. B. ein kleines Winken aus dem Handgelenk sein oder ein »Wink doch mal«.

Ein neuer Schwierigkeitsgrad: Im Stehen senken Sie die Anforderung zunächst wieder und belohnen schon für ein leichtes Anheben der Pfote.

KEINE EILE

Üben Sie nicht nonstop. Am besten ist es, dann aufzuhören, wenn es einmal richtig gut geklappt hat. Wirkt der Hund überfordert, gehen Sie mit dem Schwierigkeitsgrad wieder so weit zurück, dass er einen vorherigen Schritt perfekt ausführt - danke schön, und morgen geht es weiter!

Üben Sie immer erst den jeweils vorherigen Schritt, um an die Übung zu erinnern, bevor Sie das neue Signal geben. Funktioniert das noch nicht, können Sie Ihre Handhaltung langsam zum Ziel-Handzeichen hin verändern. Falls Sie ein akustisches Signal verwenden möchten, sagen Sie das Wort kurz vor dem früheren Sichtzeichen (das war die vor der Hundenase weiter zurückgenommene Hand).

5 Hat der Hund die Übung mit dem neu etablierten Sichtzeichen (kleines Winken) oder mit dem Wortsignal (»Wink doch mal«) verknüpft, können Sie Ihre Position verändern, sich also z. B. hinstellen. Das bedeutet für den Hund eine Steigerung des Schwierigkeitsgrads. Deshalb senken Sie die Anforderung zunächst etwas und geben sich auch mit einem Pfotenschlag zufrieden, der noch nicht ganz so hoch ist (→ Bild 5). So vermeiden Sie Frust bei Ihrem Vierbeiner. Doch schon bei der 2. oder 3. Wiederholung erwarten Sie bereits etwas mehr, die Pfote soll ein Stückchen höher kommen. Regulieren Sie das über die Belohnung: Die gibt es immer erst für ein kleines bisschen mehr Winken. Um Missverständnissen vorzubeugen: Der Hund kann seinen Lauf nur heben, nicht seitwärtsbewegen.

ÜBUNG 29
»SUCHE VERLOREN«

Wunderbar: Sie »verlieren« etwas, doch Ihr aufmerksamer Hund trägt es Ihnen hinterher oder legt sich an dem Fundstück hin. Das macht dem Hund viel Spaß, und es funktioniert tatsächlich auch oft im Ernstfall – bestimmt wird er Sie irgendwann einmal damit überraschen. Und so üben Sie das Ganze:

1 Legen Sie einen Gegenstand, den der Hund gut aufnehmen kann, zwischen sich und den angeleinten Vierbeiner. Schauen Sie das Objekt (freundlich) an, Ihr Blick soll den Hund lenken. Sobald er hinsieht, gibt es ein Lobwort und sofort das Leckerli. Steigern Sie die Anforderungen: Der Hund schaut hin und bewegt sich minimal in Richtung Gegenstand, er geht einen Schritt darauf zu etc., bis er das Objekt schließlich

mit seiner Nase berührt (→ Bild 1). Anfangs gibt jeder Blick in die richtige Richtung, dann jedes Berühren ein Lob und eine Belohnung.

1

Der Schlüssel liegt vor der Besitzerin. Ihr Blick dorthin lenkt Ihren Hund. Sobald er berührt, gibt es ein Lob und ein Leckerli.

2 Sobald die Übung bis hierhin zuverlässig gelingt, lassen Sie ihn noch ein-, zweimal hingehen und berühren – anschließend Lob und Leckerli. Beim nächsten Mal bekommt er fürs Berühren keine Belohnung; Sie warten ab. Sobald er nur leicht das Maul öffnet, gibt es sofort Lob und Leckerli. Und so steigern Sie immer weiter, bis der Hund den Gegenstand zuverlässig ins Maul nimmt. Wenn das sicher klappt – Objekt liegt da, Hund geht hin, nimmt es ins Maul –, lassen Sie den Gegenstand vor sich auf den Boden fallen.

NÄCHSTER SCHRITT, BITTE

So »formen« Sie erwünschtes Verhalten: Sie loben und belohnen den ersten Ansatz so oft, bis der Hund es verlässlich zeigt. Beim nächsten Mal aber nicht. Er zögert, dann »bietet« er i. d. R. eine Verstärkung des Vorherigen an. Das ist genau, was wir wollen. Anfangs an etwas schnüffeln – dann aufheben – dann tragen ... Schlauer Kopf!

Wenn es mit dem ersten Schritt klappt, steigert man die Anforderungen: Nun soll aufgehoben werden.

Hat der Hund verstanden, was er tun soll? Aus den Augenwinkeln überprüfen ist erlaubt.

Hurra, ab sofort kein verlorener Schlüssel mehr!

Diesmal schauen Sie **nicht** hin. Sobald der Hund ihn hochhebt, loben und belohnen Sie ihn. Klappt auch das, werfen Sie das Objekt ca. einen Meter von sich weg und schauen ihn nicht an. Geht Ihr (angeleinter) Hund hin und nimmt es auf (→ Bild 2), drehen Sie sich zur Seite und gehen zwei bis vier Schritte. Trägt der Hund den Gegenstand mit, gibt es, **noch während er ihn im Maul hat**, ein Lob und die Belohnung. Lässt er vor dem Lob los, üben Sie das Hochheben noch einmal, gehen weniger Schritte und loben und belohnen ihn, während er noch trägt. Das ist sehr wichtig. Allmählich steigern Sie dann die Anzahl der Schritte. Nehmen Sie sich Zeit für das Training, und üben Sie immer wieder mal über mehrere Tage verteilt.

3 Als Nächstes üben Sie den »Ernstfall«. Sie gehen mit Ihrem Hund in »Bei mir«-Position oder an lockerer Leine (→ Bild 3). Dann lassen Sie den Gegenstand vor dem Hund fallen. Anfangs gehen Sie am besten recht langsam, damit er überlegen kann, was zu tun ist. Beobachten Sie ihn aus den Augenwinkeln.

4 Sobald er den Schlüssel aufgehoben und ein bis zwei Schritte mitgetragen hat (→ Bild 4), bekommt er ein Lob und eine Belohnung. Die Anzahl der Schritte, bis Sie »bemerken«, dass der Hund das Objekt hinterherträgt, sollten Sie nur ganz allmählich steigern. Sonst gibt er vielleicht zu früh auf und lässt den Gegenstand wieder fallen. Wichtig: Immer loben und Belohnen, solange der Gegenstand noch im Maul ist, und nicht, wenn der Hund ihn wieder losgelassen hat.

5 Das geht auch: Ihr Hund soll anzeigen, dass Sie etwas verloren haben. Dafür üben Sie zunächst Step 1 (→ Seite 109) und parallel eine Übung, die als Anzeige dienen soll, z. B. »Platz« (→ Seite 45). Klappt »Platz« auch in städtischer Umgebung zuverlässig, lassen Sie

ihn ein- bis zweimal »Platz« machen und schauen dabei vor dem Hund auf den Boden. Beim nächsten Mal schauen Sie nur auf den Boden. Hat der Hund die Verknüpfung hergestellt und geht allein bei Ihrem Blick nach unten ins »Platz«, loben und belohnen Sie ihn. Dafür sollten Sie ihm 30 bis 60 Sekunden Zeit geben. Hat er die Verknüpfung noch nicht hergestellt, üben Sie erst einmal noch mit dem visuellen Handzeichen als Hilfe. Sobald der Hund sich zuverlässig nur auf Ihren Blick hinlegt, verknüpfen Sie beide Übungen. Dafür platzieren Sie den Gegenstand auf dem Boden.

5

Alternativ kann der Hund Verlorenes anzeigen, z. B. mit »Platz«. Das wird anfangs einzeln geübt, dann kombiniert.

Der Hund berührt ihn mit der Nase, bekommt kein Lob. Sie blicken auf den Boden. Warten Sie geduldig: Ihr Hund wird nach oben schauen, er sieht, wo Sie hinsehen – und wird sich hinlegen. Wiederholen Sie das einige Male, dann fahren Sie mit Step 3 fort, mit dem Unterschied, dass der Hund den Gegenstand nicht tragen, sondern beim Erblicken ins »Platz« gehen soll. Den Hund dabei nicht ansehen, sondern aus den Augenwinkeln beobachten. Sobald er erfolgreich anzeigt (→ Bild 5), loben und belohnen Sie ihn.

ÜBUNG 30
»KAPPE VOM KOPF«

Einfach nur Fun: Ihr Hund zieht Ihnen vorsichtig die Kappe vom Kopf, wenn Sie ihn dazu auffordern.

1 Zunächst soll der Hund lernen, die Kappe am Schirm ins Maul zu nehmen. Gehen Sie in die Hocke mit der Kappe in der Hand. Schauen Sie diese an, und warten Sie still ab. Sobald der Hund den Schirm mit der Nase berührt (→ Bild 1), gibt es ein kurzes Lob und eine Belohnung. Klappt das zuverlässig, loben Sie als Nächstes fürs Berühren, beim zweiten Mal aber nicht mehr – Sie warten ab. Ihr Hund wird nun eine »stärke-

2 *Nicht einfach, so nah am Kopf. Wichtig: geduldiges Üben und zeitnahes Belohnen.*

re« Handlung anbieten, z. B. gegenstupsen. Dann loben und belohnen. Das steigern Sie so lange (immer mal warten), bis er die Kappe ins Maul nimmt.

2 Nun setzen Sie die Kappe auf. Zunächst Lob und Belohnung, sobald der Hund die Kappe vorn am Schirm berührt. Dann Schritt für Schritt weiter (→ Bild 2): etwas daran ziehen, ein- bis zweimal – Lob und Leckerli; stärker ziehen, ein- bis zweimal – belohnen; ganz vom Kopf ziehen – Lob und Belohnung. Klappt das sicher, führen Sie das Wortsignal ein: »Kappe vom Kopf«.

1 *Anfangs eine Berührung, dann die Kappe ins Maul. Jedes Mal gibt es Lob und Belohnung.*

ASPHALT, ADIEU!

Ob Sie nun in einer Stadt leben, die auch mal schläft oder nicht: Wirklich Ruhe tanken, das geht am besten in »Natur pur«. Mit einem Hund an Ihrer Seite erleben Sie das bestimmt besonders intensiv.

Das Leben in der Stadt mit Hund kann richtig schön sein, es hat viele verschiedene Seiten. Die hat Ihnen dieses Buch gezeigt. Vielleicht sind Sie und Ihr Vierbeiner bereits zu souveränen Städtern geworden, oder Sie sind auf dem besten Wege dorthin. Und dennoch: Die letzten Häuser hinter sich lassen, den Hund aufmerksam ableinen - nun ist Freizeit angesagt. Hoffentlich gönnen Sie sich und Ihrem Vierbeiner das oft genug. Wenn nicht, dann wird es mal wieder Zeit!

»ECHTE« ERLEBNISSE MIT EWIGKEITSWERT
Stress in der City ist nicht vermeidbar. Aber er lässt sich mit Training und erlernten Strategien bestens in Schach halten. Eine besonders wichtige Strategie, die alle anderen flankieren sollte, kommt direkt aus der Stressforschung: Schaffen Sie Gegenwelten. Nicht immer nur Job, Karriere und virtuelle Dauerpräsenz, sondern auch mal Nichtstun, Bewegung, was Selbermachen, Freunde treffen ... Mit einem Hund haben Sie es leichter, Gegenwelten nicht ganz aus den Augen zu verlieren. Lernen, spielen, draußen sein, das brauchen Sie beide. Jeden Tag, das geht auch in der City! Und dann raus ins Grüne, wo nur Ihr Hund etwas von Ihnen will - Entdeckerspaß, Entspanntheit, Bodenhaftung. Wie Hunde das Leben eben lieben.

Alle Sinne auf Empfang: Draußen in der Natur ist das ein herrliches Erlebnis. Wach und entspannt zugleich!

REGISTER

Halbfette Seitenzahlen verweisen
auf Abbildungen.

ADRESSEN

ORGANISATIONEN

Fédération Cynologique
Internationale (FCI)
Place Albert 1er, 13,
B-6530 Thuin, www.fci .be

Verband für das Deutsche
Hundewesen e. V. (VDH),
Westfalendamm 174,
44141 Dortmund, www.vdh.de

Österreichischer Kynologen-
verband (ÖKV),
Siegfried-Marcus-Str. 7,
A-2362 Biedermannsdorf,
www.oekv.at

Schweizerische Kynologische
Gesellschaft (SKG/SCS),
Brunnmattstr. 24,
CH-3007 Bern,
www.skg.ch

Deutscher Tierschutzbund e. V.,
Baumschulallee 15,
53115 Bonn,
www.tierschutzbund.de

Österreichischer Tierschutzverein,
Berlagasse 36, A-1210 Wien,
www.tierschutzverein.at

Schweizer Tierschutz (STS),
Dornacherstr. 101,
CH-4008 Basel,
www.tierschutz.com

Bundestierärztekammer e.V.,
Französische Str. 53, 10117 Berlin
www.bundestieraerztekammer.de

BPT-Bundesverband praktizierender
Tierärzte e. V.,
www.smile-tierliebe.de
Über das Portal finden Sie den
nächstgelegenen Tierarzt

Deutscher Hundesportverband e. V.,
Nordstr. 14a, 06886 Lu-Wittenberg,
www.dhv-hundesport.de

Berufsverband der Hundeerzieher
und Verhaltensberater e. V. (BHV),
Auf der Lind 3, 65529 Waldems-Esch
www.hundeschule.de

Hundeschule Lucky Dogs,
Anja Mack
St. Emmeram, 81925 München
www.hundeschule-lucky-dogs.de

Fragen zur Haltung von Hunden
beantworten Ihr Zoofachhändler und
der Zentralverband Zoologischer
Fachbetriebe Deutschlands
e. V. (ZZF), Tel. (0611) 44755332 (nur
telefonische Auskunft möglich: Mo
12-16 Uhr, Do 8-12 Uhr), www.zzf.de

HAFTPFLICHTVERSICHERUNG

Fast alle Versicherungen bieten auch
Haftpflichtversicherungen für Hunde
an. Informationen erhalten Sie bei
Ihrer Versicherung.

KRANKENVERSICHERUNG

AGILA Haustierversicherung AG,
Breite Str. 6-8, 30159 Hannover,
www.agila.de

Allianz, Königinstr. 28, 80802 München, www.allianz.de/gesundheit/
tierkrankenversicherung

Uelzener Versicherungen,
Postfach 2163, 29511 Uelzen,
www.uelzener.de

REGISTRIERUNG VON HUNDEN

Deutsches Haustierregister,
Baumschulallee 15, 53115 Bonn,
www.deutsches-haustierregister.de

Internationale Zentrale
Tierregistrierung (IFTA),
Nördliche Ringstr. 10,
91126 Schwabach, Tel. (00800)
43820000 (kostenlos)
www.tierregistrierung.de/

TASSO e. V., Abt. Haustier-
zentralregister,
65784 Hattersheim,
Tel. (06190) 937300,
www.tasso.net

HUNDE IM INTERNET

www.ferien-mit-Hund.de
Viele Adressen von Hotels, Ferien-
häusern und Ferienwohnungen für
den Urlaub mit Hund

www.haushueter.org
Urlaubsbetreuung

www.hundeadressen.de
Infos zu Sport, Erziehung und
Ausbildung, Züchteradressen

www.stadthunde.com
Community rund um den Hund für
zahlreiche Großstädte

www.spass-mit-hund .de
Mit vielen Ideen rund um Spiele und
Beschäftigung mit dem Hund

LITERATUR

Feddersen-Petersen, D.:
Ausdrucksverhalten beim Hund.
Franck-Kosmos Verlag, Stuttgart

Fiedler, M.:
Mit Hund und Fahrrad unterwegs.
Cadmos, Schwarzenbek

Gansloßer, U., Kitchenham, K.:
Forschung trifft Hund.
Franck-Kosmos Verlag, Stuttgart

Hegewald-Kawich, H.:
300 Fragen zur Hundeerziehung.
Gräfe und Unzer Verlag, München

Lindner, R.:
300 Fragen zum Hundeverhalten.
Gräfe und Unzer Verlag, München

Ludwig, G.:
Hunde-Spiele-Box.
Gräfe und Unzer Verlag, München

Mack, A., Wolf, K.:
Mein Hund hat Angst.
Gräfe und Unzer Verlag, München

Mack, A., Wolf, K.:
Hundetraining leicht gemacht.
Gräfe und Unzer Verlag, München

Schlegl-Kofler, K.:
Das große Praxishandbuch Hunde-
Erziehung.
Gräfe und Unzer Verlag, München

Schlegl-Kofler, K.:
Trickkiste Hundeerziehung.
Gräfe und Unzer Verlag, München

Schlegl-Kofler, K.:
Hunde-Clickertraining.
Gräfe und Unzer Verlag, München

Schlegl-Kofler, K.:
Hundesprache.
Gräfe und Unzer Verlag, München

Schlegl-Kofler, K.:
Rückruftraining für Hunde.
Gräfe und Unzer Verlag, München

Schmidt-Röger, H.:
Das große Praxishandbuch Hunde.
Gräfe und Unzer Verlag, München

Schröder, C., Pape, L.:
Hunde Trainings-Box
Gräfe und Unzer Verlag, München

Taetz, A.:
Welpen Spiele-Box
Gräfe und Unzer Verlag, München

Walter, L.:
Hundehauptstadt Berlin – Mit Hunde-
blick und Berliner Schnauze durch
Berlin, Smiling Berlin Verlag

Winkler, S.:
Hunde-Clicker-Box.
Gräfe und Unzer Verlag, München

Wolf, K:
Die besten Hundespiele für drinnen
und draußen.
Gräfe und Unzer Verlag, München

Die Reihe »Stadtführer für Hunde
– Fred & Otto unterwegs« gibt es
für diverse Städte und Regionen
quer durch Deutschland und auch
in Österreich und der Schweiz. Infos
unter www.fredundotto.de.

ZEITSCHRIFTEN

City Dog
(für Hamburg, Berlin, Bayern)
www.citydog-hamburg.de

Der Hund
www.derhund.de

Dogs
Gruner + Jahr, Hamburg,
www.dogs-magazin.de

Partner Hund
Ein Herz für Tiere Media GmbH,
Ismaning, www.partner-hund.de

Unser Rassehund
Hrsg. Verband für das Deutsche
Hundewesen e. V., Dortmund

DANKE

… an die vielen geduldigen Menschen, die wir mit ihren Hunden für
unser Buch gewinnen konnten – ohne
euch wäre es nur halb so schön!
An »unseren« Fotografen Thomas
Brodmann, der immer wieder –
neben seinem Können – starke Nerven bewiesen hat angesichts unserer
»Wunschlisten«. Und an Dr. Stefanie
Gronau, die uns als kompetente
Lektorin auf einer Welle von Herz-
lichkeit und Wertschätzung durch die
Schreibphase getragen hat, bis zum
allerletzten Punkt. Auf Wiedersehen!

Die werden Sie auch lieben.

BILDNACHWEIS

Alle Fotos in diesem Buch stammen von **Thomas Brodmann.**
Syndication: www.seasons.agency

DER FOTOGRAF

Thomas Brodmann ist Tierfotograf und Journalist in einem. Er hat viele Jahre als Redakteur und Fotograf für die Zeitschriften »Partner Hund« und »dogstoday« gearbeitet. Seit 2015 ist er freiberuflich tätig, produziert Foto-Reportagen, schreibt Artikel, Bücher und betreut mehrere Webseiten im Bereich Haustiere. Unter anderem auch das Tierportal »animals-digital.de«, welches Informationen rund um Hunde, Katzen und Kleintiere liefert. Auf der Webseite finden Sie weitere Informationen über ihn.

WICHTIGE HINWEISE

Hunde können aufgrund ihrer Vorerfahrungen oder der Umstände unvorhergesehen reagieren und Schäden verursachen. Nur Sie selbst können entscheiden, ob und inwieweit Sie diese Vorschläge umsetzen können und möchten. Ein ausreichender Versicherungsschutz ist in jedem Falle zu empfehlen.
Der Ratgeber ersetzt nicht eine gründliche Beurteilung und Beratung eines Hundetrainers oder anderer Experten. Alle Informationen, Ratschläge und Empfehlungen in diesem Buch wurden sorgfältig recherchiert und geprüft. Da aber Erkenntnisse zur Haltung, Erziehung und Beschäftigung von Hunden einem ständigen Wandel unterworfen sind, ist eine Haftung der Autorinnen oder des Verlags für Schäden, die eventuell aus den im Buch gegebenen Ratschlägen und Informationen entstehen könnten, ausgeschlossen.

IMPRESSUM

© 2016 GRÄFE UND UNZER VERLAG GmbH, München
Alle Rechte vorbehalten. Nachdruck, auch auszugsweise, sowie Verbreitung durch Film, Funk, Fernsehen und Internet, durch fotomechanische Wiedergabe, Tonträger und Datenverarbeitungssysteme jeder Art nur mit schriftlicher Genehmigung des Verlags.

Projektleitung:
Cornelia Nunn, Anna Geistbeck
Lektorat: Dr. Stefanie Gronau
Umschlaggestaltung und Layout:
lauterbach wieschendorf design, Berlin; kral&kral design, München
Layout: kral&kral design, München
Satz: Ludger Vorfeld, München
Herstellung: Susanne Mühldorfer
Reproduktion: Longo AG, Bozen
Druck und Bindung: F+W Druck- und Medienzentrum, Kienberg

Printed in Germany
ISBN 978-3-8338-5390-6
1. Auflage 2016

Umwelthinweis
Dieses Buch ist auf PEFC-zertifiziertem Papier aus nachhaltiger Waldwirtschaft gedruckt.

QUALITÄTS GU GARANTIE

Liebe Leserin, lieber Leser,

haben wir Ihre Erwartungen erfüllt? Sind Sie mit diesem Buch zufrieden? Haben Sie weitere Fragen zu diesem Thema? Wir freuen uns auf Ihre Rückmeldung, auf Lob, Kritik und Anregungen, damit wir für Sie immer besser werden können.

GRÄFE UND UNZER Verlag
Leserservice
Postfach 86 03 13
81630 München
E-Mail:
leserservice@graefe-und-unzer.de

Telefon: 00800 / 72 37 33 33*
Telefax: 00800 / 50 12 05 44*
Mo–Do: 9.00 – 17.00 Uhr
Fr: 9.00 – 16.00 Uhr
(* gebührenfrei in D, A, CH)

Ihr GRÄFE UND UNZER Verlag
Der erste Ratgeberverlag – seit 1722.

 www.facebook.com/gu.verlag

GRÄFE UND UNZER

Ein Unternehmen der
GANSKE VERLAGSGRUPPE